FAO中文出版计划项目丛书

应对气候变化：
粮食和农业遗传资源的作用

联合国粮食及农业组织　编著

娄思齐　尹艺伟　译

U0246065

中国农业出版社

联合国粮食及农业组织

2019·北京

FAO中文出版计划项目丛书

译审委员会

主　任　童玉娥

副主任　罗　鸣　蔺惠芳　苑　荣　赵立军
　　　　刘爱芳　孟宪学　聂凤英

编　委　徐　晖　安　全　王　川　王　晶
　　　　傅永东　李巧巧　张夕珺　宋　莉
　　　　郑　君　熊　露

本书译审名单

翻　译　娄思齐　尹艺伟
审　校　隋　梅

应对气候变化是为世界日益增长的人口创造可持续未来的关键。为达成这一目标，粮食安全必须成为重中之重。气候变化是生物多样性损失的主要原因之一。气候变化对粮食和农业遗传资源（植物、动物、森林、水生资源、无脊椎动物和微生物）各领域均会造成诸多压力和风险。然而，粮食和农业遗传资源也有望在减少和适应气候变化的影响方面发挥重要作用，为实现粮食安全和营养的目标做出贡献。

遗传资源可极大促进我们应对气候变化的努力，但在很多情况下，气候变化的程度和速度会超越我们所确定、选取、复制并最终实际利用遗传资源的能力。气候变化已经影响到自然生态系统和粮食生产系统。在联合国政府间气候变化专门委员会（简称委员会）第五次评估报告《气候变化2014》中，委员会重点考量了人类和自然系统的脆弱性、气候变化产生的已知影响和适应气候变化的潜力。委员会《综合报告》指出，农业特有的协同效应可助力未来几十年为适应和减缓气候变化而做出的各项努力，以达成粮食安全目标。为提高农业对气候变化影响的适应能力，需要及时做出粮食和农业遗传资源管理相关的决议和行动。未来继续利用粮食和农业遗传资源减缓和适应气候变化的影响，首先要确保相关资源的可获取性。

联合国粮食及农业组织（FAO）粮食和农业遗传资源委员会（简称遗传委）提供了一个讨论和发展粮食和农业生物多样性相关知识和政策的政府间论坛。遗传委在气候变化方面的工作为保障全球当前和子孙后代粮食安全和可持续发展发挥着重大作用。

联合国粮食及农业组织气候和自然资源副总干事

序二
PREFACE 2

　　粮食和农业遗传资源委员会自成立以来，负责世界粮食和农业植物、动物和森林遗传资源状况的全球评估监督工作，并协商制定了《粮食和农业植物遗传资源国际条约》等主要国际文件。为探索气候变化与粮食和农业遗传资源之间的相互作用，遗传委于2013年4月将气候变化工作纳入其《多年工作计划》中，并通过了《气候变化与粮食和农业遗传资源工作计划》。

　　为回顾气候变化对粮食和农业遗传资源的影响及目前所掌握的情况，讨论上述资源在适应和减缓气候变化方面的潜在作用，遗传委向FAO申请开展了一项气候变化与粮食和农业遗传资源的范围界定研究。在几项主题研究基础上，本书概述了气候变化与植物、动物、森林、水生动植物、无脊椎动物和微生物遗传资源之间错综复杂的相互作用。

　　本书第一部分为背景介绍，简要概述气候变化相关的主要国际进程。后六部分分别介绍各领域的遗传资源。每部分解决两个关键问题：①气候变化可能对粮食和农业遗传资源及其管理产生哪些影响？②粮食和农业遗传资源在应对气候变化方面将发挥哪些具体作用？本书最后一部分讨论确定的主要结论和机遇。

　　本书旨在提升人们对粮食和农业遗传资源在应对气候变化方面重要性的认识，有助于推动粮食和农业遗传资源在国家和国际的气候变化适应及减缓规划中成为主流。

粮食和农业遗传资源委员会秘书长

致　谢
ACKNOWLEDGEMENTS

　　本书关于植物、动物、森林、水产、无脊椎动物和微生物遗传资源的部分由 Dafydd Pilling 根据 FAO 粮食和农业遗传资源委员会开展的主题研究编写，感谢他的工作。

　　本书由 Linda Collette 领导编写。感谢在本书筹备阶段提供意见和材料的 FAO 工作人员和专家：Devin Bartley、Ehsan Dulloo、Kakoli Ghosh、Mathias Halwart、Kathrin Hett、Alexandre Meybeck、Albert Nikiema、Hope Shand、Oudara Souvannavong 和 Kim-Anh Tempelman。

概　要

　　粮食和农业遗传资源在粮食安全、食品营养、民生和环境服务提供方面发挥着至关重要的作用，它关系到生产系统的可持续性、恢复能力和适应性，决定着作物、牲畜、水生生物和林木抵御一系列严酷自然条件的能力。植物、动物和微生物正因为遗传多样性，才能在所处环境发生变化时调整适应并生存下来。气候变化给管理全球粮食和农业遗传资源带来新的挑战，但也反过来突出了这些资源的重要性。

　　应粮食和农业遗传资源委员会的要求，FAO进行了关于气候变化与植物、动物、森林、水生动植物、无脊椎动物和微生物遗传资源间相互作用的主题研究。本书总结了这些研究的结果。

　　农业、渔业、水产养殖业和林业面临的挑战是到2050年保障新增的30亿人的粮食安全。据估计，这需要全球粮食生产增加60%。预计气候变化会使保障粮食安全的任务更加艰巨，尤其是在发展中国家最脆弱的地区。在这些地区，生存的当务之急是帮助农业、渔业、水产养殖业和林业适应气候变化的影响。

　　虽然《联合国气候变化框架公约》（以下简称《公约》）指出了森林及其他陆地和海洋生态系统在应对气候变化中的重要作用，但粮食和农业遗传资源的作用却没有得到明确认可。首先，《公约》的大部分工作关注气候变化减缓。2001年，《公约》开始回应最不发达国家在适应方面的迫切需要。2010年，《公约》缔约方明确提出应该把适应和减缓放到同等重要的位置加以实现。缔约方建立了适应委员会，并启动国家适应计划进程以满足中长期适应需要。

©FAO/Alipio Canahua

在国际气候变化领域，人们对遗传资源普遍缺乏关注，主要是因为认识不足。虽然在农业领域人们清楚地认识到需要保护并可持续地利用遗传多样性来应对不断变化的生产条件，但气候变化讨论的参与者更需要尽早地深入了解粮食和农业遗传资源的作用和价值。

气候变化对农业、林业、水产养殖业和渔业的影响

气候变化会改变适合耕种多种作物的土地面积的分布。研究表明，总体趋势是，撒哈拉以南非洲、加勒比海地区、印度和澳大利亚北部的作物种植区面积会减少，而北美洲和欧洲大部的作物种植区面积会增加。虽然农民一直都在根据不利环境条件调整作物系统，但气候变化速度之快、复杂度之高，所引发的问题仍可能前所未闻。如果不采取适应性调整和减缓措施，气候变化将给全球热带和温带的主要作物生产带来负面影响。证据表明，气候变化已经给许多地区的小麦和玉米产量造成不利影响。

气候变化也会给牲畜养殖带来挑战。比如，热胁迫降低动物食欲和生产生殖能力，增加死亡率。饲料供应可能在当地（如因为干旱而导致放牧地减少）

和全球（如粮食价格不断上涨）受到影响。随着气温上升，动物越来越需要水，但在很多地方气候变化可能意味着水越来越短缺，水供应越来越不可预测。

气候变化从多方面影响生态系统动态结构。潜在后果包括作物开花和传粉者不同时出现，外来入侵物种、害虫和寄生虫生存的有利条件可能增加等。随着生态系统的变化，病害媒介的分布和丰度可能受到影响，从而导致多种作物和牲畜流行病。

不幸的是，气候变化也威胁着作物和牲畜遗传资源的战略储备，而这些资源是生产系统适应未来挑战所必需的。随着环境变化，农牧民可能会弃用一些动植物品种，如果没有保护措施，这些品种就可能永远消失。因为气候变化，预计世界上大部分地区的旱涝等灾难性极端天气会越来越频繁，直接威胁某些小范围地区动植物品种的生存。

林木种群不可能以气候变化的速度迁移，因此不得不依靠表型可塑性和遗传多样性来适应原地环境。一些科学家认为，许多林木种群会相对较好地应对气候变化的影响，另一些则预测会产生严重问题。而对热带树木物种的预测往往比温带和北方物种更为消极。

©FAO/Ami Vitale

©FAO/Munir Uz Zaman

　　一般情况下，气候变化对森林的影响在干热地区更为严重，那里的树木已经达到了适应力的极限，潮湿森林中的生长空间十分狭小，而森林周围都是旱地。和气候变化相关的潜在问题包括更频繁的火灾、树木开花期和传粉者出现的时期不同步、外来物种入侵，以及更加严重的虫害。

　　气候也影响着水生环境的很多方面，如海洋、湖泊和河流的温度、酸度、盐度、浑浊度，内陆水域的深度和流动性，洋流的循环，以及水生疾病、寄生虫和有毒藻华的盛行等。气候变化给捕鱼业和水产业都带来巨大挑战，比如给水生生物带来直接的生理影响或破坏它们赖以生存的栖息地，从而引发很多问题。生活在受限制的环境中，无法迁移到更合适地方的水生生物尤其脆弱，比如生活在浅水河湖或水产养殖笼里的生物。水生生态系统及其生物区是地球上最大的碳、氮通量贡献区，而且也是最大的碳汇。钙化的微生物不断落到海床上，海洋无脊椎生物骨骼结构中的碳酸钙以及海洋鱼类直肠中沉淀的碳酸盐也是全球碳储存的贡献者。气候变化带来的干扰可能会对这一重要的生态系统服务产生负面影响。

©FAO/Danfung Dennis

©Konrad Wothe/Minden Pictures

微生物和无脊椎生物遗传资源对农业和粮食生产所做出的重要贡献如形成并保持土壤、传粉、害虫的生物控制等，通常被忽视。这些生物也在碳循环中发挥关键作用，因此对减缓气候变化至关重要。温度和湿度情况以及大气二氧化碳水平的变化影响了这些生物及其提供生态系统服务的能力。然而，人们对它们究竟如何受气候变化影响却知之甚少。

粮食和农业遗传资源与气候变化之间的联系有两方面：一方面是气候变化对遗传资源的影响；另一方面是遗传资源对减缓和适应气候变化的潜在关键作用，而这种联系尚未得到充分研究和评估。气候变化对生态系统的影响已经非常严重而且普遍，在气候变化的背景下确保粮食安全是人类面临的最严峻挑战之一。

应对气候变化——遗传资源是适应的基础

气候变化需要我们在风险管理上提出更宏大的愿景，尤其是因为气候变化可能给许多发展中国家的粮食生产带来灾难性影响。虽然一些与气候变化相关的问题可能是逐渐出现的，但是急需现在就做出行动，这样我们才能有足够的时间来提高农业生产系统的适应力。

©FAO/A. Brack

能在未来气候下生存并生长繁育的作物、牲畜、林木和水生生物对未来的生产系统至关重要。因此需要修改育种项目的目标，在某些地方可能需要引进先前没有在当地培育的品种，甚至物种。达到育种项目的目标要花很长时间，所以需要提前好几年开始。粮食和农业遗传资源是生产系统效率、适应力和恢复力的关键，有助于当地社区和研究人员改善粮食生产质量和产量。

当务之急是要确保使农业和粮食生产适应未来变化所需的遗传多样性不会因为当下的疏忽而损失。因此，对粮食和农业至关重要的驯化物种及其野生亲缘种、其他野生遗传资源的原地和迁地保护项目急需改善，促进这些资源可持续利用的政策也亟待出台。

要利用已经适应的遗传资源来增强未来生产系统的适应力，还有一个前提是增强对这些资源的了解——它们在哪可以找到，有什么特性（如耐旱或抗病性）以及如何对其进行最佳管理。不幸的是，许多适应当地的作物和牲畜品种没有被好好记载下来，可能没等它们在气候变化适应方面的潜力被发掘出来就会消失。对粮食和农业中无脊椎动物和微生物作用的研究少之又少，许多林木和水生生物也是一样。因此首先要对遗传资源进行定性研究。

在作物生产中，保护遗传资源一直是降低作物病害和干旱等非生物胁迫影响策略中的要素。虽然难以预测气候变化对病害的分布和严重性的确切影响及不利的气候条件，但是面对新的气候和病害带来的挑战，获得更丰富的遗传多样性有可能增加作物生产系统的适应力。改良作物野生亲缘种至关重要，因为它们可能具有可用于培育高适应性作物的遗传性状，这些作物可在受到气候变化影响的生产系统中发挥作用。

遗传多样性也是畜牧业的重要资源。大部分牲畜多样性在原地得到了农民和牧民的保护。在严酷生产环境下（比如易受炎热干旱影响或病害流行的地区），培育的品种通常可以很好地适应那些可能会因为气候变化而范围扩大了的恶劣环境。然而，畜牧业的急剧变化威胁着很多适应当地的品种及培育这些品种的生产系统。因此急需采取措施促进这些品种的可持续使用和培育，必要时使用原地和迁地保护方法防止品种的损失。

由于物种多样性，一些现有物种在条件变化的时候更可能会茁壮生长，因此自然森林和人工林在气候变化中的适应力也会得到增强。个体物种的遗传多样性也同样增加物种在一系列不同环境下存活的可能性。人工林业中，随着气候变化，树木物种和种群可以被迁移到新地区。树木的辅助迁移被认为是应对气候变化可采取的重要措施，但很少用于实践。自然森林和树木种植通过碳封存减缓气候变化的作用广受认可。然而，物种内部遗传资源的重要性却没有得到很好的认识。树木只有在适应周围环境并有潜力适应未来变化的情况下才能提供减缓服务。

©IFAD/Antonio Rota

在野生和养殖的水生生物中，和气候变化有关的对胁迫因素的适应大都发生在环境变化时的自然选择中。在这方面最重要的特征包括繁殖力，对较差水质的耐受力，如供氧不足、水质酸化、盐度增减、浑浊度和淤泥增加，污染程度加重等，以及对病害、寄生虫和有毒藻华的抵抗力。气候变化意味着水产和渔业将不得不依赖于可以在一系列环境下生存并生长良好的物种、种群和遗传品种。由于生态和经济原因，这会促使人们利用那些营养水平要求低、繁殖周期相对短的鱼类资源。在不同水质的更温暖的水域，呼吸空气的鱼类物种潜力更大，尤其是在水产业。水生生态系统若能成功适应气候变化，那么就可以作为碳汇更好地促进气候变化减缓。

对农业和粮食生产有利的无脊椎动物和微生物遗传资源的保护必须基于对原地所有生物的保护。这需要既保证管理措施不威胁农业系统中这些生物的生存，又避免破坏那些庇护生物或将来成为有益的潜在物种来源（比如提供对新害虫问题的生物控制）的栖息地。由于无脊椎动物和微生物对碳在土壤中的循环和留存可发挥重要作用，因此以适当的方式管理这些微生物可能是增加碳封存，从而减少大气二氧化碳水平的一种手段。

各国都在力图获取适应力强的作物、牲畜、树木和水生生物，而气候变化可能要求国际社会在遗传资源方面进行更多合作。未来各国遗传资源方面的相互依存将更加紧密，突出了当前对遗传资源管理的国际合作的重要性，同时要确保相关机制到位，促进这些资源在国际上以公正合理、环境友好的方式流通。

应对气候变化挑战的生态系统途径

　　面对气候变化，在农业、林业和水产品生产的管理上，必须要采用生态系统方法。适应和减缓措施需要参与管理生产系统的不同利益攸关方相互合作，也要求我们关注系统的整体动态受到气候变化影响的不同方式。许多因素相交织，共同产生影响，比如，传粉者的活动，土壤中有益无脊椎动物，病虫害疫情的分布和严重性。需要做出更多努力来理解这些相互作用及其对粮食和农业生产的影响。然而仍然会有不确定性，必须保持并强化让生产系统适应意外挑战的能力。因此需要不断学习和调整，增加这方面知识，更好地理解影响。

©FAO/K. Pratt

　　气候变化背景下，有效生态系统途径的其他关键因素包括找出合适的遗传资源以便用于受气候变化影响的生产系统中；理解这些资源，知道如何有效管理，确保这些资源及其相关知识可以提供给有需要的人。同样重要的是增强生产系统的恢复力，提高其在环境发生变化和受到影响的情况下继续发挥作用并保持生产的能力。在这方面，遗传资源多样化会发挥重要作用。比如，几种不同的传粉者或生防菌的存在可以增加相关服务的稳定性，因为某些物种能够应对严重影响其他物种的冲击或变化。物种内部的遗传资源也因为类似的原因而同等重要，这些遗传资源是物种通过自然选择或人为干预适应变化的基础。

©P.Kimeli (CCAFS)

目 录
CONTENTS

序一 v

序二 vi

致谢 vii

概要 ix

　气候变化对农业、林业、水产养殖业和渔业的影响 x

　应对气候变化——遗传资源是适应的基础 xiii

　应对气候变化挑战的生态系统途径 xvii

引言 1

　参考文献 5

粮食和农业植物遗传资源 9

与气候变化 9

　气候变化对植物遗传资源及其管理的影响 9

　植物遗传资源在应对气候变化中的作用 12

　结论与建议 18

　参考文献 20

粮食和农业动物遗传资源与气候变化 23

　气候变化对动物遗传资源及其管理的影响 25

　动物遗传资源在应对气候变化中的作用 28

　结论与建议 32

　参考文献 35

森林遗传资源与气候变化 ·· 38

    气候变化对森林遗传资源及其管理的影响 ····························· 39

    森林遗传资源在应对气候变化中的作用 ······························· 42

    结论与建议 ·· 45

    参考文献 ··· 49

粮食和农业水生遗传资源与气候变化 ······························· 52

    气候变化对水生遗传资源及其管理的影响 ··························· 54

    水生遗传资源在应对气候变化中的作用 ····························· 56

    结论与建议 ·· 60

    参考文献 ··· 62

粮食和农业无脊椎动物遗传资源与气候变化 ···················· 65

    气候变化对无脊椎动物遗传资源及其管理的影响 ················ 68

    无脊椎动物遗传资源在应对气候变化中的作用 ··················· 71

    结论与建议 ·· 75

    参考文献 ··· 78

粮食和农业微生物遗传资源与气候变化 ··························· 81

    气候变化对微生物遗传资源及其管理的影响 ······················ 83

    微生物遗传资源在应对气候变化中的作用 ························· 88

    结论与建议 ·· 90

    参考文献 ··· 91

主要结论与机遇 ·· 94

    识别、保护并学习如何将遗传资源应用于粮食和农业 ········· 94

    推行以适应性为本的综合管理方法保护生态系统粮食和农业遗传资源 ··············· 98

    参考文献 ··· 101

引 言

Linda Collette[1], Damiano Luchetti[1], Dafydd Pilling[2], Anna Asfaw[1],
Agnès Fonteneau[1]

　1 FAO粮食和农业遗传资源委员会秘书处

　2 FAO动物生产及卫生司

　　粮食和农业的遗传资源在粮食安全、营养、民生和提供环境服务方面发挥重要作用，并巩固了作物、牲畜、水生生物和林木物种抵御一系列严酷条件的能力。正因为遗传多样性，植物、动物和微生物才能在生活环境变化时适应并生存。

　　气候变化的影响很可能会导致世界许多地区的农业生产力、稳定性和收入的降低，一些地方已经面临严重粮食短缺。因此我们可能更加难以让粮食和农业生产的增长速度跟上预计的人口增长速度。发展中国家缺乏粮食的人，尤其是妇女和土著居民，最易受气候变化影响，甚至所受影响可能也是最严重的。

　　未来几十年，将有数百万依赖农业、渔业、林业和畜牧业获取生计和粮食安全的人口可能面临前所未有的气候状况。应对这些变化带来的挑战需要具有生物适应能力的植物和动物，并且要以最快的速度适应。为了实现可持续性和更高的生产力，生产系统将越来越依赖于生态过程和生态系统服务，依赖动植物品种、品系、物种的多样，以及多元化的管理策略（Galluzzi等，2011）。

　　时间紧迫，FAO估测，到21世纪中期，全球粮食生产要增加近60%才能保障新增的30亿人口的粮食安全（FAO，2012）。时间是关键因素，因为适应气候变化，要培育合适的作物、树木、牲畜和水生生物，制订和落实资源可持续管理措施，这都需要时间。

　　虽然早在19世纪人们就发现了气候变化问题，但1979年举办的第一次世界气候大会才将该问题提上国际科学和政治议程（Gupta，2010）。直到1992

年，里约地球峰会才通过了应对气候变化的国际公约：《联合国气候变化框架公约》（UNFCCC，以下称《公约》）。

然而，在《公约》框架下，粮食和农业遗传资源没有得到显著的关注。在与减缓措施相关议题的大背景下森林的作用得到了讨论，但是没有具体指出森林遗传资源在这些措施中的重要作用。同样，作物和牲畜遗传资源、水产遗传资源、微生物和无脊椎动物基本没有纳入《公约》的政策讨论中。

在某种程度上，对粮食和农业遗传资源缺乏关注是因为《公约》强调减缓行动。减少温室气体排放的努力过去一直在《公约》进程中扮演主要角色（Burton，2008）。最近几年，《公约》的决策方面发生了转变，更加关注适应性措施，比如旨在减少脆弱性、增强对气候变化的适应性的活动，关注新的筹资机制来支持该领域的工作。这一转变是因为人们越来越认识到：

（1）气候变化的影响是超越国界的；

（2）气候变化的影响严重、波及面广，比预期发展速度快；

（3）减少温室气体排放和稳定温室气体在大气中浓度方面的进展微乎其微。

2001年，国际社会开始解决最不发达国家适应气候变化的迫切需要。在2007年《巴厘岛行动计划》中，适应与减缓、筹资和技术这三项一起成为应对气候变化的四大支柱。2010年的《公约》第16次缔约方大会通过《坎昆协议》，明确提出适应必须要与减缓并重，并建立适应委员会。该委员会给气候变化适应规划和落实提供技术支持：国家适应行动方案用于解决最不发达国家的迫切和短期需要；国家适应计划帮助各国明确并满足中长期适应需要。

2011年德班气候大会重新强调了适应的重要性，明确提出需要政府在地方到国家层面上做出更多更广泛的行动，应对当前的气候变化。2012年"多哈气候之路"通过完善规划明确了进一步加强最脆弱国家适应能力的途径。

2014年6月，《公约》附属科技咨询机构同意承担以下几方面的科技任务（UNFCCC，2014），以推进在农业领域的工作：

（1）针对沙漠化、旱涝、泥石流、风暴潮、水土流失和海水倒灌等极端天气事件及其影响，开发早期预警系统，制订应急方案；

（2）在区域、国家和地方层面评估农业系统在不同气候变化情况下（包括但不限于病虫害）的风险和脆弱性；

（3）在探索适应措施时考虑农业系统的多样性、本土知识体系和规模差异，以及潜在共同效益，并分享社会经济、环境和性别等方面研发和各地活动的经验；

（4）开发农业技术，推出农业实践方法并进行评估，以可持续的方式增强生产力、粮食安全和适应力，要考虑农业生态区和农业系统的区别，如草地和农田在实操和系统上的不同。

该机构也要求联合国气候变化秘书处组织大会间研讨会，讨论上述4项内容。关于前两项的研讨会首次在该机构第42次大会（2015年6月）上举办，关于后两项的研讨会首次在第44次大会上（2016年6月）举办。

气候变化政策领域普遍对遗传资源缺乏关注，这大多是因为认识不足。虽然在农业领域，人们已经清楚地认识到需要保护并可持续地使用遗传多样性，以便应对不断变化的生产条件，但仍然迫切需要那些国际气候变化讨论的参与者更加关注粮食和农业遗传资源的作用和价值。为此，粮食和农业遗传资源委员会（以下称遗传委）将关于遗传资源和气候变化的主题研究（Asfaw和Lipper，2011；Beed等，2011；Cock等，2011；Jarvis等，2010；Loo等，2011；Pilling和Hoffmann，2011；Pullin和White，2011）提交给联合国气候变化秘书处和世界粮食安全委员会（CFS，以下称粮安委）粮食安全和营养高级别专家组（HLPE），充实了该专家组关于气候变化和粮食安全的报告（HLPE，2012）。专家组的报告认可遗传委在气候变化方面的工作。在接下来的会议中，粮安委邀请遗传委继续开展并加强气候变化和遗传资源方面的工作（CFS，2012）。

2013年，遗传委通过《气候变化与粮食和农业遗传资源工作计划》（FAO CGRFA，2014)，提出以下两个目标：

（1）在气候变化的背景下，进一步了解粮食和农业遗传资源在粮食安全和营养、生态系统功能和系统适应力上的作用和重要性；

（2）提供技术信息酌情使各国了解粮食和农业遗传资源在气候变化减缓和适应上的作用。

FAO通过提出倡议、开展项目，支持各国努力应对与气候变化和粮食安全有关的挑战，比如气候智能型农业倡议和关于气候变化适应的FAO适应性框架。这些项目提供更多机会帮助FAO在应对气候变化的工作中加强粮食和农业遗传资源的作用。根据气候智能型农业的特点，要提高农业生产力和适应性，需要更好地管理土地、水、土壤和遗传资源等自然资源，可采取保护性农业、害虫综合治理、农林复合、提倡可持续饮食等措施加以实现。

以上列举并非详尽无遗。气候变化应对工作的重要参与方还包括气候变化研究计划、国际农业研究磋商小组农业和粮食安全组。政府间气候变化专门委员会根据各国和FAO等国际组织的贡献以及来自国际研究项目的相关信息，定期发布评估报告，介绍气候变化及其成因、潜在影响和应对策略的科学、技术和社会经济知识。2014年第二工作组评估报告探讨了气候变化影响、适应和脆弱性（IPCC，2014），对气候变化背景下粮食安全和粮食生产系统的最新科学文献进行了全面回顾和综合提炼。

参考文献

Asfaw, S. & Lipper, L. 2011. *Economics of PGRFA management for adaptation to climate change: a review of selected literature*. Commission on Genetic Resources for Food and Agriculture. Background Study Paper No. 60. Rome, FAO (available at http://www.fao.org/docrep/meeting/023/mb695e.pdf).

Beed, F., Benedetti, A., Cardinali, G., Chakraborty, S., Dubois, T., Garrett, K., & Halewood, M. 2011. *Climate change and micro-organism genetic resources for food and agriculture: state of knowledge, risks and opportunities*. Commission on Genetic Resources for Food and Agriculture. Background Study Paper No. 57. Rome, FAO (available at http://www.fao.org/docrep/ meeting/022/mb392e.pdf).

Burton, I.E. 2008. *Beyond borders: the need for strategic global adaptation*. IIED Sustainable Development Opinion December 2008. London, International Institute for Environment and Development (available at www.iied.org/pubs/pdfs/17046IIED.pdf).

CFS. 2012. *Thirty-ninth Session of the Committee On World Food Security, Final report*. Rome (available at http://www.fao.org/fileadmin/user_upload/bodies/ CFS_sessions/39th_Session/39emerg/MF027_CFS_39_FINAL_REPORT_compiled_E.pdf).

Cock, M.J.W., Biesmeijer, J.C., Cannon, R.J.C., Gerard, P.J., Gillespie, D., Jiménez, J.J., Lavelle, P.M. & Raina, S.K. 2011. *Climate change and invertebrate genetic resources for food and agriculture: state of knowledge, risks and opportunities*. Commission on Genetic Resources for Food and Agriculture. Background Study Paper No. 54. Rome, FAO (available at http://www.fao.org/docrep/meeting/022/mb390e.pdf).

FAO. 2012. *World agriculture towards 2030/2050: The 2012 revision*. ESAE Working Paper No. 12-03. Rome (available at http://www.fao.org/docrep/016/ap106e/ap106e.pdf).

FAO. 2013. *Climate-smart agriculture*, sourcebook. Rome (available at http://www.fao.org/docrep/018/i3325e/i3325e.pdf).

FAO CGRFA. 2014. *Programme of Work on Climate Change and Genetic Resources for Food and Agriculture*. Rome (available at http://www.fao.org/nr/

cgrfa/cross- sectorial/climate-change/en/).

Galluzzi, G., Duijvendijk, C. van., Collette, L., Azzu, N. & Hodgkin, T. (eds.). 2011. *Biodiversity for food and agriculture: contributing to food security and sustainability in a changing world. Outcomes of an Expert Workshop held by FAO and the Platform on Agrobiodiversity Research from 14-16 April 2010, Rome, Italy.* Rome, FAO/PAR (available at http://www.fao.org/3/a-i1980e.pdf).

Gupta, J. 2010. A history of international climate change policy. *Wiley Interdisci- plinary Reviews: Climate Change,* 1: 636–653. doi: 10.1002/wcc.67.

HLPE. 2012. *Food security and climate change. A report by the High Level Panel of Experts on Food Security and Nutrition of the Committee on World Food Security.* Rome (available at http://www.fao.org/fileadmin/user_upload/hlpe/ hlpe_ documents/HLPE_Reports/HLPE-Report-3-Food_security_and_climate_ change-June_2012.pdf).

IPCC. 2014. *IPCC Fifth Assessment Report: Climate Change 2014.* Geneva, Switzerland, Intergovernmental Panel on Climate Change (available at http:// www. ipcc.ch/report/ar5/index.shtml).

Jarvis, A. Upadhyaya, H., Gowda, C.L.L., Aggarwal, P.K., Fujisaka, S. & Anderson, B. 2010. *Climate change and its effect on conservation and use of plant genetic resources for food and agriculture and associated biodiversity for food security.* ICRISAT/FAO. Thematic Background Study for the Second Report on The State of the World's Plant Genetic Resources for Food and Agriculture. Rome (available at http://www.fao.org/docrep/013/i1500e/i1500e16.pdf).

Loo, J., Fady, B., Dawson, I., Vinceti, B. & Baldinelli, G. 2011. *Climate change and forest genetic resources: state of knowledge, risks and opportunities.* Commission on Genetic Resources for Food and Agriculture. Background Study Paper No.56. Rome, FAO (available at http://www.fao.org/docrep/meeting/023/ mb696e.pdf).

Pilling, D. & Hoffmann, I. 2011. *Climate change and animal genetic resources for food and agriculture: state of knowledge, risks and opportunities.* Commission on Genetic Resources for Food and Agriculture. Background Study Paper No. 53. Rome, FAO (available at http://www.fao.org/docrep/meeting/022/ mb386e.pdf).

Pullin, R & White, P. 2011. *Climate change and aquatic genetic resources for food and agriculture: state of knowledge, risks and opportunities.*

Commission on Genetic Resources for Food and Agriculture Background Study Paper No. 55. Rome, FAO (available at http://www.fao.org/docrep/meeting/022/ mb507e.pdf).

UNFCCC. 2014. *Report of the Subsidiary Body for Scientific and Technological Advice on its fortieth session, held in Bonn from 4 to 15 June 2014.* FCCC/ SBSTA/2014/2. Bonn, UNFCCC (available at http://unfccc.int/ resource/ docs/2014/sbsta/eng/02.pdf).

©FAO/Olivier Asselin

粮食和农业植物遗传资源与气候变化

Andy Jarvis[1], Hari Upadhyaya[2], CLL Gowda[2], PK Aggarwal[3], Sam Fujisaka[4],
Ben Anderson[4]

1 哥伦比亚国际热带农业中心（CIAT）和意大利国际生物多样性中心

2 印度国际半干旱热带地区研究中心（ICRISAT）

3 印度农业研究所

4 美国美利坚大学国际服务学院

粮食和农业植物遗传资源是全球粮食安全的生物基石。这些资源在保护当前粮食生产和应对未来挑战方面都很重要。在气候变化背景下，要增加主要粮食作物的产量，必须要把各物种包括野生物种的遗传性状结合起来。

气候变化对植物遗传资源及其管理的影响

根据联合国政府间气候变化专门委员会（IPCC，2014）的报告，一种观点是，如果气温比20世纪末上升2℃或以上，尽管有些地区会受益，但若不采取适应措施，世界主要粮食作物（小麦、水稻和玉米）在热带和温带地区的生产将会受到负面影响。证据表明气候变化已经造成很多地方的小麦和玉米减产（Lobell等，2011）。气候变化将改变适合耕种多种作物的土地的分布。预计在撒哈拉以南非洲、加勒比地区、印度和澳大利亚北部，适合作物生产的土地面积会减少，而美国北部、加拿大和欧洲大部分地区的耕地面积会增加。在个体

注：本部分由Dafydd Pilling根据Jarvis等（2010）合著的内容编写，在原有基础上增加了联合国政府间气候变化专门委员会第五次评估报告（IPCC，2014）以及FAO第二次粮食和农业植物遗传资源全球行动计划（FAO，2012）中的内容。

物种层面，对43种作物的研究表明，气候变化会令其中23种作物的宜耕土地增加，而另外20种则会失去适宜耕种的土地（Lane和Jarvis，2007）。

证据表明气候变化已经给许多地区的小麦和玉米产量带来负面影响。

预计在一些粮食短缺的地区，主要作物产量将大幅下降，给粮食安全带来严重影响（Lobell等，2008）。在非洲南部，适宜耕种该地区主要粮食作物玉米的土地到2050年将几乎完全消失；在南亚，花生、小米和油菜籽的生产力预计会下降。

几千年来，农民一直都在随着环境条件的变化调整作物和作物系统。然而，人类导致的气候变化速度快且性质复杂，可能带来前所未有的挑战。我们需要新的作物品种，而且在某些情况下，农民将不得不种植新作物物种。当前粮食最短缺的地区会受到最大的影响，最需要耐受干旱、高温、洪涝、盐化等极端环境条件的新作物。

除了对驯化作物的影响外，气候变化也会影响作物物种的许多野生亲缘种在当地生存的能力。无法迅速迁移的物种尤其容易灭绝。据估计，作物物种16%～22%的野生亲缘种可能在接下来50年内濒临灭绝，其中包括61%的花生物种、12%的马铃薯物种和8%的豇豆物种（Jarvis等，2008）。

气候变化会给驯化作物和野生亲缘种的多样性带来额外的威胁，这一点显而易见，但对气候变化背景下的基因流失的研究却很少。地方品种最多样的一些区域最易受到气候变化影响。随着气候条件的变化，一些地方品种可能会流失，因为农民用其他地方品种或更能适应新条件的改良品种取而代之。相反，许多地方品种的性状在帮助农业适应气候变化影响方面可能具有广泛的价值。这可能导致人们更加需要某些地方品种，因此有助于这些品种的生存。

植物病虫害受气候的影响很大。许多病原菌和疾病媒介的地理范围受限于冬季低温等气候因素。比如，一项研究表明冬季气温升高，和−10℃相比，−6℃有利于锈病菌（*Puccinia graminis*）的生存，会导致各种禾本类物种受到严重的病害（Pfender和Vollmer，1999）。更高的温度缩短了许多病原物种的代际间隔，使其进化加速。

作物生产所依赖的许多生态系统服务将受到气候变化影响，包括传粉、生物控制和营养循环。

©FAO/Rodger Bosch

病原菌不一定会从气候变化中受益。和植物一样，它们可能无法随着环境条件变化迁移或迅速充分适应。然而，大多数病原菌将比植物更有优势，因为它们代际间隔短，在许多情况下，能够通过风中散播迅速长距离移动。

作物生产所依赖的许多生态系统服务也会受到气候变化的影响，包括传粉、生物控制和营养循环。关于气候变化对生态系统服务提供的影响的详尽研究非常少。可能给传粉带来突出问题，因为昆虫对气候高度敏感。气候变化可能导致作物物种花期和传粉者活跃期不同步。

植物遗传资源在应对气候变化中的作用

在作物生产适应气候变化影响的过程中，植物遗传资源发挥着至关重要的作用。由于物种、品种和栽培实践的不同，作物可在多种环境中种植。一万年来，不同遗传资源让农民适应缓慢的气候变化，以及不断变化的需要和胁迫因素。传统作物品种很好地适应了当地生产环境中现有的条件。未来的挑战是在气候变化影响加剧的情况下保持作物和生产环境间的良好匹配。作物野生亲缘种在应对挑战方面将是关键资源，因为它们的基因可以提高作物对许多和气候变化有关的环境胁迫的抵抗力。

©FAO/Truls Brekke

©FAO/Giampiero Diana

　　每个国家的作物生产都离不开全世界的遗传资源。这种相互依存性可能因气候变化而增加。新的气候条件意味着地方品种不再能很好地适应土生土长的环境条件。需要从其他地方引进适应力更强的作物。对非洲的气候预测表明，到2050年，非洲许多国家会经历当前在国内没有的新气候条件（Burke等，2009）。种质资源的国际流动在帮助农业适应新气候中发挥关键作用。

为应对不可预测的极端气候事件，可能需要更加丰富的品种内部多样性。

在国家层面和国际上开展的作物育种项目正在力求培育能很好地适应未来气候的新品种。因此，对包括作物野生亲缘种在内的一系列植物遗传资源的需要可能会增加。虽然这种需求具有全球性，但野生亲缘种的自然分布仅局限于作物的原产地，通常是在特定的植物亚区。

本土层面，种子系统对适应过程至关重要，让农民有机会交换具有多种性状、并在气候变化相关的新型选择压力下生长的地方品种。然而本土种子系统的适应能力受到限制。随着变化加速，种子系统将需要扩展到更多地区。需要支持种子系统的政策，并通过种子会展等多种方式寻找促进长距离种子交换的途径。除了非正式机制，当地种子系统也可以包括正式的基于社区的种子企业，这些企业可帮助小农户获得适应变化的改良栽培种以及适应气候变化可能需要的其他资源。

©FAO/R. Jones

预计气候变化不仅会带来趋向性的变化（比如未来某地平均气温更高），而且会增加气候的可变性。农民应对方向性变化的时候，通常要么是在当地已有的遗传资源那里取得已经适应的资源，要么去邻近地区寻找资源。然而，随着气候越来越多变，极端事件越来越极端，需要找到新的策略。为应对不可预测的极端气候事件，可能需要更加丰富的品种内部多样性。有助于表型可塑性（应对多种环境条件的能力）的性状可能越来越重要。

了解已经面临极端气候压力和可变性的农民如何进行应对和风险管理，将有助于开发可被未来面临类似挑战的农民所采用的策略。研究重点应该是地方品种能在多大程度上应对预测到的气候变化而不会严重损失生产力。从应对机制和作物恢复力的研究中得到的启示可用于政策制定，支持参与式植物育种、遗传资源交换和更广泛的农业适应策略。

气候变化会增加未经充分利用或受到轻视的植物物种的重要性。

有些物种可用于生物燃料生产，或属于有特殊性状的耐寒物种，它们此前未被充分利用或受到忽视，气候变化可能会使它们逐步受到重视。由于这些物种已经适应了严酷条件，随着恶劣气候波及面逐渐扩大，它们也越来越被广泛需要。

育种项目要为特定作物和区域制定策略，旨在培育那些和农民在未来 10 ~ 15 年面临的挑战相关的品种。育种人员要找到某些遗传资源，这些遗传资源的性状可用于培育能在极端气候条件下生存的品种。需要用一些筛选方法来明确物种对胁迫因素耐受的生理基础。近几年，该领域研究已经进展到主要粮食作物对干旱、盐度、水淹和热胁迫的耐受性（Jarvis 等，2010）。植物生长中的重要阶段受到这些胁迫因素的影响最大，而人们对这些重要阶段的了解也越来越深入。

应对气候变化会给基因库带来一系列挑战。仍有很多物种的基因未被收集。对自然栖息地和农业系统的威胁意味着需要立刻采取行动，收集、保存传统的作物品种、野生亲缘种和采集的野生物种并对其进行定性分类，这些物种可能有利于气候变化适应。在一些情况下，相关物种也包括野生远缘种。由于野生物种通常比驯化物种更易受到气候变化的影响，因此应该优先收集。同样重要的是确保收集品覆盖目标物种的全部地理范围，尤其是在物种分布的边缘发现的种群，因为在这些地方可能发现新性状。

然而，极端气候可能会给基因库库存本身带来越来越多的威胁。已经有一些情况表明，基因库库存在气候灾害中丢失。飓风米奇严重破坏了中美洲香蕉种质资源的库存，1997 年厄尔尼诺期间厄瓜多尔的极端洪涝灾害毁坏了国

©FAO/Giulio Napolitano

农场上的植物遗传资源保护
将在气候变化背景下越来越重要。

家木薯资源。这一威胁突显了多地点建立后备资源库的重要性。

农场上的植物遗传资源保护将在气候变化的背景下越来越重要。在复杂、多样和易受风险的环境中保护遗传资源建立在自然和农民选择的基础上，可持续提供多样的遗传选择，供农民在气候变化和气候可变性增强的情况下使用。过去，植物遗传资源的保护主要关注迁地保护。然而，现在已经认识到，原地和迁地相结合的措施更有优势。

一些国家已经成功开展了原地和迁地措施相结合的保护项目。比如，埃塞俄比亚的农场保护项目相当先进，依靠农民和研究人员之间的合作来重新耕种那些在20世纪80年代干旱时期损失掉的地方品种。该国最重要的地方作物品种有画眉草、大麦、鹰嘴豆、高粱和蚕豆，人们从基因库取出这些资源，让其大量繁殖，然后分配给农场，让农民进行保护和改良。该项目基于分散管理的模式，社区种子基因库向农民提供多种多样的作物。

在菲律宾，东南亚社区教育研究所和社区土生种子研究中心（两个非政府组织）与140个农民合作保护水稻和玉米品种。社区土生种子研究中心在当地社区的一家农场的储备库中有585个水稻品种和14个玉米品种，种子从储备库中分给农民。菲律宾的另一个例子是农民－科学家合作发展联合会，

随着气候变化，更多物种可能需要在国家和地区间交换。确保这些遗传资源能够公平公正地分配给有需要的人非常重要。

这是非政府组织和菲律宾大学举办的联合项目。该项目促进水稻和其他作物在农场的保护，以及保护迁地资源收集。在欧洲，一些国家在政府的号召和公众的关注下正在推动原地和农场作物生物多样性保护，通过使用传统、有机和综合的农耕系统促进绿色农业的发展。

灾害管理和种子救助措施也需要适应气候变化。当前种子救助的途径没有考虑到多样性的重要性，也没有考虑到人们对充分适应了某些地区条件的种子的需求。在正常环境下，民间的农民种子系统即可维持并促进当地多样性。然而，重大灾害发生时，这些种子系统会崩溃，通常取而代之的是国际

©FAO/Roberto Grossman

种子分配项目。这些项目往往提供从当地以外引进的商业品种。预计气候变化会增加旱涝、飓风等极端天气事件的概率，导致农民更加依赖种子救助。需要建立更有效的种子分配网络来提供适应性强的种子，这样既有利于灾后恢复，也有利于支持农业系统长期适应气候变化。在战略要地经营当地品种和适应性强的改良品种的小企业可帮助获得合适的资源，尤其是在紧急情况下。

在许多国家，遗传资源的获取仍然受限于过度复杂的政策环境。《粮食和农业植物遗传资源国际公约》是促进植物遗传资源交换的多边法律框架，其"便利获取及惠益分享多边体系"涵盖了目前在国际市场上买卖的近150种粮食作物中的35种。成千种其他作物或植物物种在当地消费和交易，但没有进入全球交易系统，这些作物的大部分遗传多样性尚未被储存在基因库里。随着气候变化，国家和地区间可能需要交换更多物种。确保这些遗传资源可以公平公正分配给有需要的人将显得尤为重要。

结论与建议

在多种环境下，应对气候变化并不意味着对现有植物遗传资源可持续管理策略的彻底改变。但是，为了保护植物遗传资源，并对其优化利用以应对气候变化，需要更加重视以下活动：

（1）在筛选过程中把不同性状都包括在内，并确保全面收集了包括当前被视为"小众"作物的资源，从而使基因库响应对可用于气候变化适应的种质资源的更多新需要；

（2）检查各作物、各地区的育种策略和重点，确保作物改良项目的产品在作物改良周期（未来5~10年）结束准备上市时可以应对世界将面临的挑战；

（3）检查并加强政策来促进动态种子体系，包括在国内战略要地创立社区种子企业，实施促使农民间长距离种子交换的措施，检查灾后种子救济的重点和程序；

（4）加强对野生物种资源的收集，包括作物野生亲缘种，因为那些勉强适应变化的地方特有物种更有可能灭绝；

（5）确保收集时足够重视胁迫适应型遗传资源，这些资源可有助于适应气候变化；

（6）确保政策促进遗传资源的国际交换，这些资源可用于帮助农业系统适应气候区分布的变化。

粮食和农业植物遗传资源的第二次全球行动计划（FAO，2012）经遗传委讨论通过，由FAO理事会于2011年批准。该计划包括一系列原地保护和管理、迁地保护、可持续使用、建立可持续体制和人力资源相关的重要活动，用于应对气候变化、粮食短缺等挑战，并强调要把握信息通信技术和分子生物学方法的新机遇。计划特别强调了如下战略要素，这些要素对保护粮食和农业植物遗传资源必不可少，应最大化加以利用帮助应对气候变化：

（1）加强遗传多样种群的原地保护，尤其是作物野生亲缘种，以便促进进化，从而有利于适应性状代代延续；

（2）大幅拓展迁地保护，尤其是保护作物野生亲缘种，以确保物种、种群和品种的多样性得到保护，包括已经适应了极端条件和可能面对极端气候变化影响的物种；

（3）对在新气候条件下能发挥作用的迁地资源加强研究，让人们更容易了解到关于这些资源性状的信息；

（4）加大支持粮食和农业植物遗传资源的获取和流动，满足新环境条件下各国间更大的相互依存需要；

（5）加大对植物育种和种子系统管理方面的能力建设，有效、可持续地利用粮食和农业植物遗传资源；

（6）鼓励更多农民和农业社区定向参与国家和地方的作物改良活动，包括支持参与式研究和植物育种。

参考文献

Asfaw, S. & Lipper, L. 2011. *Economics of PGRFA management for adaptation to climate change: a review of selected literature*. Commission on Genetic Resources for Food and Agriculture. Background Study Paper No. 60. Rome, FAO (available at http://www.fao.org/docrep/meeting/023/mb695e.pdf).

Burke, M.B., Lobell, D.B. and Guarino, L. 2009. Shifts in African crop climates by 2050, and the implications for crop improvement and genetic resources conservation. *Global Environmental Change*, 19: 317-325 (available at http://www.sciencedirect.com/science/article/pii/S0959378009000351).

FAO. 2012. *Second Global Plan of Action for Plant Genetic Resources for Food and Agriculture*. Rome (available at http://www.fao.org/agriculture/crops/core-themes/theme/seeds-pgr/gpa/en/).

IPCC. 2014. *IPCC Fifth Assessment Report: Climate Change 2014*. Geneva, Switzerland, Intergovernmental Panel on Climate Change (available at http:// www.ipcc.ch/report/ar5/index.shtml).

Jarvis, A., Lane, A. & Hijmans, R. 2008. The effect of climate change on crop wild relatives. *Agriculture, Ecosystems and Environment*, 126: 13-23.

Jarvis, A. Upadhyaya, H., Gowda, C.L.L., Aggarwal, P.K., Fujisaka, S. & Anderson, B. 2010. *Climate change and its effect on conservation and use of plant genetic resources for food and agriculture and associated biodiversity for food security*. ICRISAT/FAO. Thematic Background Study for the Second Report on *The State of the World's Plant Genetic Resources for Food and Agriculture*. Rome (available at http://www.fao.org/docrep/013/i1500e/i1500e16.pdf).

Lane, A. & Jarvis, A. 2007. *Changes in climate will modify the geography of crop suitability: agricultural biodiversity can help with adaptation*. Paper presented at ICRISAT/CGIAR 35th Anniversary Symposium, Climate-Proofing Innovation for Poverty Reduction and Food Security, 22-24 November 2007, ICRISAT, Patancheru, India (available at http://www.icrisat.org/Journal/SpecialProject/ sp2.pdf).

Lobell, D.B., Burke, M.B., Tebaldi, C., Mastrandrea, M.D., Falcon, W. & Naylor, R. 2008. Prioritizing climate change adaptation needs for food security in 2030. *Science*, 319: 607-610.

Lobell, D.B., Schlenker, W. & Costa-Roberts, J. 2011. Climate trends and global crop production since 1980. *Science*, 333(6042): 616-620 (available at http://www.sciencemag.org/content/333/6042/616.full.pdf).

Pfender, W.F. & Vollmer, S.S. 1999. Freezing temperature effect on survival of *Puccinia graminis* subsp. *graminicola* in *Festuca arunndinacea* and *Lolium perenne*. *Plant Disease*, 83: 1058-1062.

©FAO/Ami Vitale

粮食和农业动物遗传资源与气候变化

Dafydd Pilling, Irene Hoffmann
FAO 动物生产及卫生司

驯化哺乳动物和鸟类可直接改善数亿人的生计，包括世界约70%的贫困人口。它们提供多种产品和服务，包括食物、交通、纤维、燃料和肥料。长期以来，人类驯化了诸多不同品种，这些品种在很多环境中提供着上述便利。这种多样性的重要性不仅在于其支持当前畜牧生产，还在于其为生产体系适应未来变化提供了选择。

气候变化对保持动物存活、健康和多产的实际工作以及确保长期维护牲畜多样性的任务带来了诸多挑战。它的威胁包括靠饲养牲畜维持生计的不稳定性增加，生产环境的改变和既定畜牧管理形式的破坏。

全球畜牧业已然变化不断，而气候变化又为其增加了一个不确定因素。近几十年来发生了前所未有的巨变，即所谓的"畜牧革命"，主要原因是人类日益增长的动物产品需求，以及生产环境控制能力（兽医行业规定的完善和饲料、畜舍等的改善）和遗传资源在全球流动能力（交通基础设施的完善和人工授精等生物技术的发展）的提高。

这些进展在极大提高动物产品产量的同时，也为动物遗传资源管理带来了风险。一方面，遗传资源运输能力的提高可能会引进一些与生产环境不相匹配的动物；另一方面，同质化、高度控制的生产环境的扩大会推动世界上能在上述环境中高产的少数品种处于主导地位，导致品种总量和遗传多样性有所减少。

注：本部分由 Dafydd Pilling 和 Irene Hoffmann 编写（2011）。

近几十年来，尽管许多发展中国家着力发展高投入、大规模的畜牧生产，但是家畜饲养对数量庞大的小农和牧民的生计仍旧发挥着重要作用。

气候变化对保持动物存活、健康和多产的实际工作以及确保长期维护牲畜多样性的任务带来了诸多挑战。

这些小规模生产者的生计和家畜饲养行为在不同程度上受到下列主要因素的影响：市场需求持续增长和变化、竞争加剧、生活方式发生改变、就业机会不确定、自然资源压力增大等。

由于上述因素，且普遍缺乏足够政策支持这些资源的可持续利用、发展和养护，动物遗传资源多样性总体上并未得到充分发展（FAO，2007a）。

不同的畜牧生产体系受气候变化影响的方式不同。以土地为基础的体系中，放牧草原、牧场和混合农牧区很大程度上依赖于当地资源，更易遭受当地环境变化的影响。

©FAO/Vasily Maximov

大规模的"无土地"①生产体系，也叫做"产业"体系，更有能力使动物免受当地环境变化的影响。然而，这种体系依赖于巨大的外部投入，而外部投入品的供应和获取可能会受到气候变化影响。

气候变化对动物遗传资源及其管理的影响

气候变化可能带来的影响之一是未来几十年气温会越来越高。尤其在热带和亚热带地区，气温升高将对畜牧业造成严重问题。热胁迫在诸多方面对动物造成影响，如：生产和生育率下降，死亡率上升。高温也提高了动物用水的需求，降低了动物食欲和摄食量。极端热浪已经造成美国（Hatfield等，2008）等国家饲养场的大量动物死亡。预计随着气候变化的发展，这些极端事件发生的频度会更高，影响会更加严重。

总体而言，温带的高产品种不太能适应高温。如果这些品种被引入气候炎热的地区，尤其是当湿度很高、动物饮食饲料质量较差时，动物会遭受热胁迫侵袭，达不到最大产量。除非改变动物管理方式，保护动物免受过热影响，否则气候变化导致的高温可能加剧此类动物的热胁迫问题。

在有利的情况下，改变动物管理方式在技术上是可行的，如调整动物饮食（易消化的饲料释放热量更低），引进通风扇、水喷雾或弥雾机等技术，但成本相对高昂。

饲养高产品种但在获取防止动物过热所需的投入品方面存在问题的小规模生产者，可能发现气候变化加剧了他们的问题。

在产业生产体系中，先进降温技术、水、能源和各种饲料已可获取，该体系在很大程度上可以保护高产动物免受高温的直接影响。然而，饲养高产品种但在获取防止动物过热所需的投入品方面存在问题的小规模生产者，可能发现气候变化加剧了他们的问题。在粗放式放牧体系中，利用先进降温技术在很大程度上是不切实际的，能做到的也许只有为动物提供遮阴蓬或打滚降暑的泥塘。

气候变化不仅影响温度，也会影响降雨模式。许多半干旱地区在未来几十年预计将出现降雨减少、植物生长期缩短、干旱更为频发的现象。这可能会增加动物遭受长期营养胁迫的风险。气候变化也会影响饲料质量，因为高温会提高植物组织的木质化程度，增加饲草消化的难度。虽然产业体系生产者可以

---

① "无土地"指在这些体系中的动物不吃保有土地上生产的饲料，也不在当地牧场放牧。此类体系下的畜牧生产当地土地占有量少，相反依赖于其他地区的土地，以生产饲料。

从外地购买饲料避免上述问题，但牧区和混合农牧区的生产者可能面临越来越多的问题，如果动物不能充分适应饲料质量变差和出现短缺的情况，问题将更加严峻。在畜牧业产业化领域，由于气候变化可能影响粮食及其他饲料原料的成本，饲喂策略面临的与气候变化相关的主要威胁可能是经济上的，而非技术上或生物上的。

许多传染病，尤其是虫媒（昆虫和寄生虫等动物）传播的疾病在空间和时间上的分布受气候影响。病原体、虫媒和宿主动物都会受到气候（如温度和湿度）的直接影响，也会受气候对生态系统其他要素（如植被和天敌）作用的影响。这些相互作用错综复杂，我们对此知之甚少。气候变化的影响遭遇土地利用、贸易、人畜流动、疫病防控措施实施、各类其他管理措施、社会文化、经济政治因素的变化，其相互作用更加剧了问题的严重性。疫病流行带来的后果难以预测，但若气候变化将宿主和病原体一起带入新的地点和生态环境，很可能会对动物健康造成新的威胁。

干旱、洪水、飓风等极端气候事件可能造成大量动物死亡。若某种动物集中于一个有限的地理区域，则该品种可能会被气候灾难摧毁，甚至完全消灭。气候变化预计会增加气候灾害发生的频率和严重性，因此给脆弱品种带来了风险。

同样的，某种严重动物疫病的大规模暴发也能造成类似威胁，当为预防疫病继续传播大量扑杀动物时威胁更大。气候变化将在多大程度上加剧传染病对牲畜多样性的威胁不得而知。

疫病流行带来的后果难以预测，但若气候变化将宿主和病原体一起带入新的地点和生态环境，很可能会对动物健康造成新的威胁。

然而，一些令人担忧的近期事件，如欧洲蓝舌病的传播，可能就与气候变化有关。

适应当地艰难生产环境的地方品种会比外来品种更易适应气候变化的影响。许多养殖社区善于在艰难和不稳定的环境下管理牲畜。然而，当地气候的迅速巨变会降低当地动物通过自然或人工选育适应气候的能力，也会降低饲养者调整饲养方法的能力。这将增加对替代品种的需求。此类改变对确保引进的遗传资源完全适应当地条件，同时原地遗传资源不会消失均将带来重大挑战。

畜牧业是气候变化的主因，人们对此已广泛宣传（FAO，2006）。温室气体排放贯穿畜牧生产的各个环节。在饲料作物生产和牧场管理中，化肥和杀虫剂的生产使用和土壤有机质的流失造成有害气体排放。动物饲料运输过程中使用的化石燃料增加了排放。砍伐森林以供放牧或种植动物饲料也会向大气释放大量的碳。动物生长和生产过程直接产生排放：最值得注意的是反刍动物通过微生物发酵消化含纤维饲料，随之释放甲烷。动物粪肥储存利用过程中释放甲烷和一氧化氮。动物产品的加工运输过程中增加的排放主要和使用化石燃料以及基础设施开发有关。

减缓畜牧业的气候影响对动物遗传资源多样性意义重大。降低动物自身温室气体排放重点在于提高饲料转化率（减少肉、奶等的单位排放），降低消化过程中产生的甲烷。二者均受饲养动物种类和生产

如果减缓政策的目的是仅促进某几种生产体系中的某几种物种和品种利用，遗传多样性就会遭受风险。

体系性质影响。猪、鸡等单胃动物饲料转化率相对较高，消化过程中产生的甲烷比反刍动物少。同物种的不同品种和品系集约生产，在高外部投入生产环境中产生高产出和高饲料转化率。若减缓政策的目的是仅促进某几种生产体系中的某几种物种和品种利用，遗传多样性就会遭受风险。

在评估牲畜对气候变化的影响时，应注意饲料转化率并不能完全解释生产效率或温室气体排放问题。适应当地环境的品种和低外部投入生产体系通常化石燃料消耗较低，且这些品种经常提供的多种产品和服务，并没有在对牲畜产量和生产率的传统评估中体现出来。

©FAO/P.O. Stackman

　　也有必要考虑到发展中国家的放牧体系实际上向大量牲畜饲养者提供了
生计来源，这些饲养者生活贫困。而且，许多放牧体系使用的土地不适宜作物
生产，因此用来生产动物产品并未与供人类直接食用的作物生产竞争土地。

　　草地能将大量的碳封存在土壤中，但若管理不善，也能将大量碳释放
至大气中。放牧对草地碳封存的影响很难一概而论。过度放牧增加土壤碳流
失，但管理完善的放牧可以增加碳沉淀。在一些情况下，管理完善的放牧土地
封存的碳超过未放牧土地，但也依赖于放牧的类型、植物群落、土壤和气候
（Smith等，2008）。

　　旱地放牧体系发展措施的探索取得了一定进展，新体系既可以满足改
善当地生计的需求，也能解决提高碳封存率，相应地减少土壤碳流失的问题
（FAO，2009a）。然而，措施的执行挑战重重，主要障碍包括：土地使用权、
共同财产和私有化问题；来自生物燃料等作物种植的竞争和其他土地用途的竞
争，限制了放牧模式和区域；游牧民缺乏教育和卫生服务；以减少牲畜数量为
重点（而非放牧管理）的政策。

动物遗传资源在应对气候变化中的作用

　　在一系列生产环境中，经过多代自然选择和人为控制的选育，全球牲畜

的遗传多样性已非常丰富。经受过极端气候、严重疾病和寄生虫挑战、劣质饲料、高海拔或复杂地形的品种和种群通常可以培养出适应力，能够在其他动物难以生存的地方茁壮成长。虽然饲养、畜舍和兽医护理条件的改善有助于建立隔离生产系统，使动物免受环境胁迫的影响，但土生土长的动物仍然是许多牲畜饲养户主要的生计来源。气候变化会导致新的环境挑战，因此这些动物的某些适应性特征可能会变得更加重要。

不同物种和品种对气候极端事件的耐受度差别很大。例如，许多研究（Lemerle 和 Godard，1986；Burns 等，1997）揭示了普通牛种和杂交品种之间的耐热性差异。热带品种往往比温带地区的品种具有更好的耐热性。这涉及一系列因素，包括皮肤和毛发的特性、出汗和呼吸能力、组织绝缘性、相对于体重或肺部大小的体表面积、内分泌学特征和代谢产热。随着奶牛的产奶量增加，生猪和家禽的生长速度和瘦肉率增加，这些动物的代谢产热量也会增加，致使耐高温的能力下降（Zumbach 等，2008）。针对家禽的一些研究（Horst，1988）比较了不同羽毛类型的禽类的耐热性，已经发现与普通羽毛类型的家禽相比，"裸颈鸡"和"麒麟鸡"（翻毛鸡）能更好地耐受高温。遗憾的是，近年来针对其他牲畜物种的耐热性比较研究寥寥无几。

研究证明，一些品种比其他品种对特定疾病更具抵抗力或耐受性（FAO，2007a）。然而，用于科学研究的品种和疾病的数量非常有限，并且基本的生理

©FAO/A.K. Kimoto

©FAO/Rosetta Messori

和遗传机制尚不清楚。对于某些病害和寄生虫，一些动物品种能够抵抗或耐受，已明确的包括非洲动物锥虫、胃蠕虫、肝吸虫、蜱虫和各种蜱虫传播的疾病，如无浆体病。在品种内部，可以选择性育种以获得更大的抗病性。

不同类型动物的不同摄食习惯影响着畜牧业对各种饲料资源的利用，这些资源有许多不适合人类直接食用。例如，不同的反刍动物和骆驼科动物具有不同的摄食习性，并且倾向于食用不同类型的植物。山羊和骆驼啃食的枝叶饲料（灌木和树木等植物）比绵羊和牛多。同一物种的不同品种食用特定种类饲料的能力也存在差异。资料显示，西非的索科托克达里牛，擅长嚼食枝叶，以其他品种难以下咽的木质植物为食（Blench，1999）；贝多因黑山羊则以当地的高纤维饲料为食（Silanikove，1997）。在一般的牛群中，瘤牛往往比普通牛更适应低质量饲料，而后者在食用优质饲料时具有更好的饲料转化率。

牲畜和食草动物不仅要以当地植被为生，还必须能够应对在摄食时遇到的其他挑战，如热、冷、雨、雪、冰、风、陡峭或崎岖的地形、涝渍地、寄生虫、捕食者等。它们可能需要长途跋涉并忍受长时间饥渴才能来到广阔的天然牧场取食。一些研究表明，旱地品种如贝多因黑山羊、摩洛哥黑山羊和波斯黑头羊应对水资源短缺的能力极佳，从而能在广阔地区摄食（Shkolnik等，1980；Hossaini Hillaii 和 Benlamlih，1995；Schoenman 和 Visser，1995）。同样，抗病或耐受力强的品种能比其他动物更好地利用被寄生虫或疾病媒介感染的牧

> 不同类型动物的不同摄食习惯影响着畜牧业对各种饲料资源的利用，这些资源有许多不适合人类直接食用。

场。众所周知，骆驼具有的一系列形态、生理和行为特征，使其能够在沙漠环境中茁壮成长。例如，实验表明，单峰骆驼可以在高温和缺水的情况下保持采食量和消化食物（Guerouali 和 Wardeh，1998）。

在畜牧业力求适应气候变化对饲料供应产生影响的过程中，饲养习惯和能力的多样性成为一项重要资产。如上所述，不仅放牧和混合

牲畜和食草动物不仅要以当地植被为生，还必须能够应对在摄食时遇到的其他挑战，如热、冷、雨、雪、冰、风、陡峭或崎岖的地形、涝渍地、寄生虫、捕食者等。

农业系统面临气候对当地植被影响的风险，"产业化"畜牧业生产也可能受到谷物和燃料价格上涨的影响，这会破坏其目前饲养举措的经济可持续性。

使生产系统适应气候变化影响的一个选择是引入适应变化条件的动物遗传资源。这些资源可能在原来所处的生产环境中已经对类似目标迁地的环境有了多年的适应。如果气候变化导致当地农业生态系统发生重大变化，而且变化的速度超过了牲畜适应能力，那么改变品种或物种的分布可能会变得愈加必要和频繁。

©FAO/Tony Karumba

31

在最近几十年受到干旱严重影响的一些生产系统中已经发生了物种和品种替代。传统上，许多牲畜饲养社区一直乐于尝试新品种，将新鲜血液引入牛群或羊群中，调整牲畜的物种构成以适应不断变化的环境。这种机制可能在未来的气候变化适应中发挥重要作用。但是，如果气候变化导致当地生产环境发生剧变，则现有机制可能已不足以应对。在这种情况下，可能有必要进一步采取措施，使牲畜饲养者从更远的地方获取替代动物遗传资源，并向他们介绍这些资源的特征及其在适应气候变化方面的潜力。

然而，由于对特定品种的适应性特征及其在不同生产环境中的表现普遍缺乏认识，这一点难以实现。

气候变化可能会增加对气候极端事件有适应力的动物遗传资源的国际交换的需求。然而，目前全球范围内基因流动的主导模式仍然主要集中在高产品种的流

> 气候变化可能会增加对气候极端事件有适应力的动物遗传资源的国际交换的需求。

动上，这些品种需要高度控制的生产环境，而那些适应当地的品种没有有效流动到对应的农业生态区。这种基因流动主要发生在发达的"北部"国家之间，以及北部和发展中的"南部"国家之间。近一百年，这种模式也有例外，主要是适应热带的牛群从南亚流动到拉丁美洲。也有人曾尝试将放牧动物从南部引入澳大利亚和美国等发达国家的较热地区。

如果对气候适应品种的需求确实增加，那么重要的是确保与其管理相关的品种和知识可以被需要这些资源的人公平公正地获取。无论是国际交流还是地方适应，更为根本的是都应确保品种生存，且其特征得到充分记录。因此，需要制订保护计划、采取支持动物遗传资源可持续利用的措施以及进行综合特征研究。

结论与建议

2007年由茵特拉肯国际技术会议通过并得到FAO大会认可的动物遗传资源全球行动计划（FAO，2007b），是首个专门用于管理畜牧生物多样性的国际框架。在气候变化已被广泛视为农业、粮食安全和整个人类面临的主要挑战之际，该行动计划得以通过。《全球行动计划》强调动物遗传资源、农业生态系统管理和气候变化适应之间的联系。有效实施《全球行动计划》将是提高畜牧业应对气候变化能力的重要一步，知识、可获得性（可持续利用、保护和交换）以及动物遗传资源的利用和开发战略都会得到加强。

虽然改善动物遗传资源管理只在个别方面与气候变化有关，但相关政策和管理措施尤为重要。以下建议按照其与《全球行动计划》四个战略重点领域的相关性进行分类。

重点领域1：对趋势及相关风险的定性、记录和监控

（1）需要研究出方法来描述与气候变化适应相关的适应性特征（耐热性、抗病性、以劣质饲料为食也能茁壮成长等），综合评估动物在特定生产环境中的表现，并统一描述这些生产环境的标准。

（2）应在动物遗传资源调查，以及表型和分子特征研究中推广这些方法。各国尤其是发展中国家，普遍需要改进动物遗传资源的定性、记录和监控工作。

（3）需要提高意识，进一步了解、尊重与气候变化适应和减缓相关的地方和本土知识。

（4）应确定与特定动物遗传资源相关的潜在气候变化威胁，并采取措施确保监测长期威胁（例如环境的渐进式变化）。应采取紧急行动应对眼前的威胁（例如，气候灾害使小种群面临严重风险）。

（5）应探索对畜牧生产环境的未来分布和特征进行建模的可能性，以支持评估对动物遗传资源的威胁，并确定可能适合未来特定品种的区域。

（6）需要增强对品种当前地理分布的了解，以支持上述行动，并促进气候变化适应措施和动物遗传资源保护战略的规划。

（7）通过家畜多样性信息系统（DAD-IS: http://www.fao.org/ DAD-IS）等多种信息渠道大力传播与动物遗传资源及其管理有关的知识。

重点领域2：可持续利用和开发

动物遗传资源管理应更好地纳入生产系统或农业生态系统以及国家层面的气候变化适应和减缓措施的规划。

（1）应探索通过更好的放牧管理措施，增加牧场碳封存，这些措施可能也是助力减缓气候变化、提高生计、保护野生生物多样性、可持续利用动物遗传资源的综合性手段，应当挖掘这种潜力。

（2）需要加强参与动物遗传资源管理和生物多样性、气候变化适应和减缓以及其他环境问题的国际论坛和组织之间的合作。

（3）必须采取措施确保牲畜饲养者和其他利益攸关方参与规划畜牧生产系统中的气候变化适应和缓解措施，以及规划动物遗传资源在这些措施中的作用。

（4）应在气候变化适应战略（与未来目标和预计的环境条件相关）的基础上，建立、整合如何应对恶劣和波动的生产环境的本地知识。

（5）将品种引入新的地理区域的计划应考虑到气候和其他农业生态条件及预测的未来趋势。

（6）应审查育种目标，并在必要时进行调整以适应气候变化的影响。

（7）应改善牲畜饲养者获取与气候变化适应相关的投入和牲畜服务的途径。

（8）应探讨提供付费式环境服务的潜力，将其作为促进畜牧生产系统的生态和社会经济可持续性、保护相关动物遗传资源的一种手段。

重点领域3：保护

（1）保护战略应考虑已观测到的和预测的气候变化影响，包括农业生态变化、灾害风险以及相关的气候变化减缓政策的影响。

（2）应审查原地保护计划，并在必要时进行调整，以应对气候变化带给目标品种原生地生产系统的变化。

（3）应加强迁地品种保护，以确保其采样完整、管理良好、记录充分、定位准确，可为气候灾难和其他灾害提供应对保障。

重点领域4：政策、体制和能力建设

（1）应提高政策制定者对动物遗传资源适应和减缓气候变化的潜在作用的认识。

（2）动物遗传资源国家战略和行动计划（FAO，2009b）应考虑到气候变化的影响，并在必要时根据未来气候的发展，进一步审查和修订。

（3）应促进畜牧系统和动物遗传资源管理方面的气候变化适应战略的信息交流，同时传播特定气候相关品种适应性信息及特定生产环境中品种表现的信息。

（4）应促进透明、公平和公正地获取适应气候变化所需的动物遗传资源以及相关知识和技术。

参考文献

Blench, R. 1999. *Traditional livestock breeds: geographical distribution and dynamics in relation to the ecology of West Africa*. Working Paper 122. London, Overseas Development Institute (available at www.odi.org.uk/resources/download/2041. pdf).

Burns, B.M., Reid, D.J. & Taylor, J.F. 1997. An evaluation of growth and adaptive traits of different cattle genotypes in a subtropical environment. *Australian Journal of Experimental Agriculture*, 37: 399-405.

FAO. 2006. *Livestock's long shadow - environmental issues and options,* by H. Steinfeld, P. Gerber, T. Wassenaar, V. Castel, M. Rosales & C. de Haan. Rome (available at http://www.fao.org/docrep/010/a0701e/a0701e00.htm).

FAO. 2007a. The State of the World's Animal Genetic Resources for Food and Agriculture, edited by B. Rischkowsky & D. Pilling. Rome (available at http:// www. fao.org/docrep/010/a1250e/a1250e00.htm).

FAO. 2007b. *Global Plan of Action for Animal Genetic Resources and the Interlaken Declaration*. Rome (available at ftp://ftp.fao.org/docrep/fao/010/a1404e/a1404e00.pdf).

FAO. 2009a. *Review of evidence on drylands pastoral systems and climate change. Implications and opportunities for mitigation and adaptation*, edited by C. Neely, S. Bunning & A. Wilkes. Land and Water Discussion Paper 8. Rome (available at http://www.fao.org/climatechange/15537-0-0.pdf).

FAO. 2009b. *Preparation of national strategies and action plans for animal genetic resources*. FAO Animal Production and Health Guidelines. No. 2. Rome (available at http://www.fao.org/docrep/012/i0770e/i0770e00.htm).

Guerouali, A. & Wardeh, M.F. 1998. Assessing nutrient requirements and limits to production of the camel under its simulated natural environment. *Proceedings of the Third Annual Meeting for Animal Production under Arid Conditions*, 1: 36-51.

Hatfield, J., Boote, K., Fay, P., Hahn, L., Izaurralde, C., Kimball, B.A., Mader, T., Morgan, J., Ort, D., Polley, W., Thomson, A. & Wolfe, D. 2008. Agriculture. In *The effects of climate change on agriculture, land resources, water resources, and biodiversity in the United States. A Report by the U.S.*

Climate Change Science Program and the Subcommittee on Global Change Research. Washington DC, United States Department of Agriculture.

Horst, P. 1988. Native fowl as reservoir for genomes and major genes with direct and indirect effects on productive adaptability. *Proceedings of XVIII World's Poultry Congress*, pp. 99-105.

Hossaini Hilaii, J. & Benlamlih, S. 1995. La chèvre noire marocaine capacités d'adaptation aux conditions arides. *Animal Genetic Resources Information*, 15: 51-56.

Lemerle, C. & Goddard, M.E. 1986. Assessment of heat stress in dairy cattle in Papua New Guinea. *Tropical Animal Health and Production*, 18: 232-242.

Pilling, D. & Hoffmann, I. 2011. *Climate change and animal genetic resources for food and agriculture: state of knowledge, risks and opportunities*. Commission on Genetic Resources for Food and Agriculture. Background Study Paper No. 53. Rome, FAO (available at http://www.fao.org/docrep/meeting/022/mb386e.pdf).

Schoenman, S.H. & Visser, J.A. 1995. Comparative water consumption and efficiency in 3 divergent sheep types. *Journal of Agricultural Science*, 124: 139-143.

Shkolnik, A, Maltz, E. & Gordin, S. 1980. Desert conditions and goat milk production. *Journal of Dairy Science*, 63: 1749-1754.

Silanikove, N. 1997. Why goats raised on harsh environment perform better than other domesticated animals. *Options Mediterraneennes*, 34 (Ser A): 185-194.

Smith, P., Martino, D., Cai, Z., Gwary, D., Janzen, H., Kumar, P., McCarl, B., Ogle, S., O'Mara, F., Rice, C., Scholes, B., Sirotenko, O., Howden, M., McAllister, T., Pan, G., Romanenkov, V., Schneider, U., Towprayoon, S., Wattenbach, M. & Smith, J. 2008. Greenhouse gas mitigation in agriculture. *Philosophical Transactions of the Royal Society of London. Series B, Biological Sciences*, 363(1492): 789-813.

Zumbach, B., Misztal, I., Tsuruta, S., Sanchez, J.P., Azain, M., Herring, W., Holl, J., Long, T. & Culbertson, M. 2008. Genetic components of heat stress in finishing pigs: development of a heat load function. *Journal of Animal Science*, 86: 2082-2088.

森林遗传资源
与气候变化

Judy loo[1], Bruno Fady[2], Ian Dawson[3], Barbara Vinceti[1], Giulia Baldinelli[1]

1 意大利国际生物多样性中心

2 法国国家农业研究院（INRA）

3 肯尼亚世界混农林业中心(ICRAF)

森林覆盖了地球陆地面积的30%，为无数动植物和微生物物种提供了栖息地，并在维持森林居民生计及促进经济和社会发展方面发挥了重要作用。森林通常具有多重功能，可为人类提供木材、果品、蔬菜、饲料、药材和树脂等诸多产品。森林也提供水土保持、碳封存等环境服务，并有助于满足快速增长的城市人口的休闲需求。森林比大气含有更多的碳。作为二氧化碳的吸收者和排放者，森林在气候变化中的作用尤为重要。约有14亿人口直接将森林作为其谋生手段之一。

遗传多样性可在物种内的个体和种群之间进行传承，为物种进化奠定基础。在过去的数百万年间，遗传多样性促使森林和树木适应条件变化。一些树种已经被驯化，但森林遗传资源管理主要涉及的是几乎未经人工选种的树木种群。绝大部分森林遗传资源多样性尚未得到描述，这一问题在热带地区尤为突出。据估计，现存树种数量为80 000 ～ 100 000种，但目前研究的只有不到500种树木。直到最近，林木遗传资源研究一直关注的仍是几类最适合驯化的物种，用来在种植园和农林复合系统中生产木材、纤维或燃料。人们对当前和未来大多数树种适应新气候条件或为了满足人类使用需求而进行基因改良的潜力知之甚少。

注：本节由Dafydd Pilling改编自Loo等人的著作，并补充了《保护、可持续利用和开发森林遗传资源全球行动计划》中的信息（FAO，2014）。

©FAO/K. Boldt

气候变化对森林遗传资源及其管理的影响

　　人们对于气候变化对森林遗传资源的影响的预测不尽相同。一些科学家（Hamrick，2004）认为，许多树木种群拥有较强的表型可塑性[①]和遗传多样性，能帮助其较好地应对气候变化带来的影响。其他科学家则预见到一些重大问题（Mátyás，2007；Rehfeldt等，2001）。据估计，热带树种的前景将会比温带和北方树种更为惨淡。气候变化可能会在树种已达到其适应能力极限的干热地区和在被较干旱陆地包围的小面积潮湿森林产生更严重的影响。

　　许多树种在抗旱、耐寒、花果期等重要特性上的遗传变异程度较高。如果环境按照某一趋势持续变化，上述物种就有可能随之快速进化。然而据预测，在很多情况下，气候变化的强度和速度将超过树木种群的适应能力，这至少会发生在树木种群不断萎缩的分布边缘地带。如果气候在当地范围内的变化加剧，可能会进一步限制树木种群的适应能力，这是因为树木将会受到来自不同方向（不同性质）的选择压力。

---

　　① 表型可塑性是指某一有机体通过改变其表型而非其基因来应对环境变化的特性（普莱斯等，2003）。

某些树种的生长范围可能会扩大，另一些则恰恰相反。在温带地区，树种的生长范围可能会向高纬度、高海拔地区转移。然而，树种分布边缘萎缩的速度可能要比树种向新区域扩张的速度快得多。

目前收集到的数据表明，气候变化将通过许多不同的过程，包括人口、生理和基因过程来影响森林遗传资源。可导致大量树木死亡的极端气候事件将更为常见。气温和降水的逐步变化可能妨碍森林的再生能力。在一些地区，病虫害将会变得更加严重，这是由于气候条件变得更适合攻击性物种生存，或是因为气候变化带来的胁迫使得树木更易受到病虫害攻击。

> 目前收集到的数据表明，气候变化将通过许多不同的过程，包括人口、生理和基因过程来影响森林遗传资源。

气候变化可能会打破树木花期和传粉物种活跃期之间的同步。传粉者的减少会限制基因的流动，缩减树木种群的有效规模，由此阻碍其适应气候变化。气候变化还可能会引发更多森林火灾。在过去不经常发生森林野火的地区，火灾可能会成为造成环境变化的主要因素，并促使树种迅速由火灾敏感型向火灾耐受型转变。会造成不良后果的物种入侵也可能会变得更加频繁，导致当地树种被可移植并迅速繁衍的树种所取代。

©FAO/Albert Nikiema

©K.C. Rajendra

据估计,对于温带地区的天然林而言,要想适应气候变化,就必须保持每年1千米以上的迁移速度。这将意味着森林的迁移速度至少会是冰河时代末期的10倍。然而,森林退化和乱砍滥伐可能会降低森林迁移的速度。在热带地区,雨量型变化可能是影响树木分布最重要的气候因素。研究表明,干旱气候会对树种间的基因交换造成极大的障碍(Muchugi等,2006,2008)。与温带地区的情况相似,热带地区的自然迁移速度可能不足以跟上未来气候变化的速度。也有特例,一些入侵物种能快速做出反应,这是由于它们的种子能远距离传播,或者是因为它们能快速进入成熟期。

如果大多数树种无法跟上气候变化的速度进行自然迁移,将会导致其死亡率升高和基因库规模缩减,这可能会增加存活树木的近亲繁殖概率。天然林的物种构成将会发生转变。在某些情况下,高价值的物种将会受到外来物种的竞争威胁。

气候变化可能会对树木虫害的分布和严重性产生重大影响。例如在加拿大,山松甲虫已经损毁了分布在不列颠哥伦比亚内陆大面积的森林(Konkin和Hopkins,2009)。此次病虫害的持续暴发要归咎于一系列漫长的反常暖冬现象。除了损失几十万公顷的种植园和天然林以外,一些建立了天然基因库的遗传实验也遭到了破坏。

森林遗传资源在应对气候变化中的作用

物种多样性有望增强天然林和树木种群适应气候变化的能力，这是因为物种多样性能提高当前某些物种在条件变化的情况下依然能繁衍生息的可能性。同样，个体物种内部的遗传多样性也能提高该物种在各种环境中存活的可能性。树种种内和种间的多样性也能在更大程度上保证生态系统的稳定，在以树木为基本物种的生态系统中尤其如此。种类多样的树木还为其他各类物种提供了栖息地。

一些树种和某些种群内的个体林木具有"表型可塑性"。换言之，这些树种拥有灵活的形态和生理机能，能在各类环境压力下良好生长。在多地开展的田间试验可以鉴别出拥有这一能力的树种和种群。表型可塑性高的树木能更好地在基因方面适应环境变化。至少在短期内，可塑性比遗传适应性更有意义，因为可塑性可以确保树木种群在气候变化的影响下存活下来。然而，由于可塑性本身就有遗传基础，倘若气候更加多变，人们会倾向于选择利用可塑性。表型可塑性背后的运行机制尚不明确，但由DNA表达修饰而非基因序列变化导致的表观遗传效应能实现多代遗传，因而可能具有重大意义。

人们发现大多数树木都拥有一定程度的表型可塑性，但种间和种内的表型可塑性会发生变异。某些树种的遗传多样性不太丰富，因而通过进化来应对气候变化的潜力较小，对于这类树种而言，可塑性显得尤为重要。鉴定并利用含有具备表型可塑性的个体林木的物种和种群是气候变化应对战略中的重要一环，特别是在未来气候更为多变的地区。然而从长期来看，如果环境条件发生剧烈变化，就需要新的、适应性更强的表型特征，因而对表型可塑性的依赖可能会造成不良后果。

正如前文所述，至少在短期内，天然林的迁移速度还不足以跟上其充分适应了的环境的变化速度，将不得不借助于遗传适应和可塑性。人们可以通过移植种子或幼苗将种植园内的树木移植到未来气候条件能满足其生长需要的地方。尽管人们认为对树种或树种内种群进行辅助迁移可

©FAO/Joan Manuel Baliellas

能是应对气候变化的重要手段，但这一方法还未被广泛应用。插文1中的情况是非典型案例。

在气候变化的背景下，预测适合特定树种（或树种内的种群）生长的地点所需时间较长，因而难度也在增加。树木能在很长一段时间内提供产品和服务，在某些情况下可持续数百年。对未来气候变化的长期预测充满了不确定性，部分因为其结果将取决于当前缓解措施的效果。

若将辅助迁移广泛用于应对气候变化，需要在不同国度种植大量林木种质并对其加以研究。不过，近年来国际上以研究为目的的林木种质迁移已经变得困难重重且成本高昂（Koskela等，2010），因此应当采取新的措施促进种质的迁移。同时，也要避免对适应性较低的种质进行不加选择的迁移，并做好对物种入侵和本地生物多样性下降等潜在问题的评估。

面对极端气候事件，可尝试增加人工林的抵御能力。例如，太平洋地区风暴日益频发，相应地，人们选择抗飓风物种进行大规模种植。瓦努阿图计划在未来20年内种植2万公顷白木。

天然林和人工林可通过碳封存来缓解气候变化，其作用已得到广泛认可。然而，物种内部遗传变异的重要性却被低估。只有在较好地适应周围环境，并有潜力适应未来的各种变化时，林木才能发挥缓解气候变化的作用。此外，在小农农林体系中，只有看到明显的生计利益时，农民才会扩种植被。目前，鉴于对农民为碳封存而植树采取的奖励机制不到位且奖励有限，农民植树的主要动力仍将是为获取林木提供的其他产品和服务。因此，林木赖以生成这些产品和服务的遗传属性就变得至关重要。

> ➡ **插文 1   调整树种迁移指南，更好地应对气候变化——加拿大实践案例**
>
> 　　20世纪80年代，加拿大不列颠哥伦比亚省采用了种子区的概念，对具有重要商业价值的树种开展种源试验，并根据地理、气候和植被对该省的林地进行分类，通过将树木种群的适应性特征与林地的生态分类相关联的方式来确定种子区的边界。
>
> 　　气候变化的影响受到了越来越多的关注，人们由此采取了一种新的方法对气候变化的潜在影响进行评估，这种方法的特点在于利用了基于生态系统的气候包络模型。根据该模型的结果预测，北部界限位于不列颠哥伦比亚省的树种会以每10年至少100千米的速度迁徙至适宜的新生境。
>
> 　　根据此项研究的结果，结合此前的其他相关研究，不列颠哥伦比亚省重新审查了其种子迁移政策，并声称该省是首个针对气候变化而专门修改种子迁移标准的辖区。适度的政策调整使大部分地区的多数林木种子海拔向上移动了100～200米。这项新政策实际上认可了辅助移徙的必要性，从而可以确保当地植被能够适应未来的气候变化。
>
> 　　来源：Ying 和 Yanchuk，2006；Hamann 和 Wang，2006；Wang 等，2006；不列颠哥伦比亚林业、土地和自然资源部，2008。

　　在许多热带国家，各利益相关方有必要提高能力，学会识别哪些林木有助于缓解气候变化，且有利于保护环境和促进农民生计。例如，布基纳法索、马里、尼日尔和塞内加尔等国家正在推进阿拉伯胶树的大规模种植，以缓解气候变化、复垦退化土地和增加农民收入，尽管他们并不完全知晓所使用的林木种质能否使树胶产量达到要求。

　　很多树木有助于适应和减缓气候变化，为满足对此类树木的需求，应当调整树木育种计划的目标。在这些项目中，与气候有关的问题至今很少受到关注。然而，许多树种具有高度基因多样性，某些性状与气候适应相关，为选择性育种（以及自然选择）提供了潜在的基础。插文2列出了可能对适应和减缓气候变化十分重要的性状，但在树木育种计划中这些性状往往未得到重视。

> ⭕ **插文2　哪些性状有助于树木适应气候变化？**
>
> - **抗旱性**　对许多树种来说，水分状况的变化会带来比温度变化更大的问题。抗旱性是一个复杂的性状，可能包括深根系统、落叶习性和高效用水。
> - **抗虫性**　气候变化导致的病虫害侵袭增加正成为人工林所面临的严峻问题。理论上讲，该问题可通过培育抗虫或耐虫树种来解决。然而，这种方法难以迅速见效。反之，或许应采用自然界中已经发现的抗虫基因类型，或从其他地方引进抗虫树种。
> - **抗火性和耐火性**　高温少雨的气候与砍伐森林等人类活动会增加火灾发生的频率。生长在半干旱地区的许多树种已经形成适应性（例如较厚的树皮），能够抵抗一定程度的周期性火灾。然而，较湿润地区的树种适应性会弱一些。
> - **耐飓风和耐盐性**　海平面上升和风暴频发的叠加影响对沿海森林构成巨大威胁，低洼岛屿尤其危险。树木抵御风暴和盐分的能力差异或许在物种之间比在物种内部表现得更为明显。然而，我们还要探索在物种内部选择抗性类型的可能性。
> - **表型可塑性**　人们尚未充分理解树木表型能够适应不同环境条件的能力，但已知的是，这种适应能力在物种内部各不相同。
>
> 来源：改编自FAO主题研究，Loo等，2011。

结论与建议

林木的某些适应性特征可能有助于适应和减缓气候变化，这方面的研究有待加强。特别是在热带地区，大多数树种的适应性和生活史特征尚无充分的记载。迄今人们只对少数物种进行过遗传评估，且重点主要集中在与生产直接相关的性状上，对与气候变化相关的适应性特征研究得不够。

种源试验表明，许多树种都存在适应性状的变异。然而，这些试验很多都是在意识到应当把应对人为气候变化视作一个重要的研究问题之前就已开展，现在需要新的试验，在应对气候变化方面进行专门研究。还需整合以往多

©FAO/Vasily Maksimov

地的试验成果，以便深入了解气候变化的影响，探究适应性较好的遗传资源的潜在来源。以往试验也可用作监测气候变化对树种影响的"排头兵"，这类试验的全球或区域性数据库亦应建立起来。

　　种源试验在与气候相关的研究中具有重要意义，但近年来该试验数量呈现普遍下降的趋势，原因包括试验运营成本较高，国际种质转移面临困难，以及林业部门更多关注社会问题和新技术，例如遗传变异的分子标记分析等。即使是经过大量种源试验的具有重要商业价值的物种，其边缘种群及其他非典型种群的样本代表性也有很大不足。未来的试验需要扩大物种覆盖范围，确保涵盖物种中各个生态范围的树木。最有趣的适应现象可能发生在"边缘"种群中。在布基纳法索进行的一项对非洲槐豆树（非洲刺槐豆）多地区种源试验中就发现了这种情况（Ouedraogo 等，2011）。

分子研究可用以洞察特定基因在应对气候变化中的作用，也可用于识别树种内部遗传多样性的模式，并更好地了解过去树木曾如何应对气候变化。这些信息在制订原生境保护措施和对非原生境保护种群进行排序方面非常有用。但是，分子研究应被视为对田间试验的补充，而不是作为替代。

需要进一步研究辅助移徙在气候变化适应中的潜在作用，包括评估是否有必要迁入固碳细菌和传粉动物等相关物种。

育种计划必须更加关注能够提高物种抵御能力的性状。

应当注意，当前为应对气候变化而进行的育林计划有成功，也有失败。育种计划必须更加关注能够提高物种抵御能力的性状。就天然林而言，可在许多保有树种预计无法适应未来气候条件的地区增加播种或授粉，帮助其适应气候变化。也可考虑采取其他管理方法，例如降低采伐强度和在"走廊"植树，以将分散的林木连接成片。

辅助移徙不仅包括物种向尚未生活过的地区有序转移，也包括向物种内部引入适应性更强的种群。对于遗传变异程度较高的许多物种（如种源试验和分子研究所示），迁移适应性更强的种群可能比迁移整个物种更为可行，因为前者附带的环境风险更低。无论在物种层面还是种群层面，辅助移徙都需要建立一个完善的从区域到全球范围的再造林树木种质资源（森林再生材料）追溯系统。

树种基因库要更加全面完备。大多数热带树种不在基因库中。这部分反映了许多热带树木种子的特点，它们不能在基因库中长时间保存。仍需研究如何将拥有顽拗性种子的重要物种纳入种子库或活基因库。就寒温带树木而言，基因库中的物种覆盖范围相对全面，但物种内部遗传多样性未能很好地体现。在所有树木种类中，收集到的种子还不足以应对气候变化可能带来的各种挑战。

适应和减缓气候变化可能需要国与国之间更为频繁地进行林木种质资源迁移。鉴于这种尤其是以研究为目的的国际种质迁移近年来已经变得愈加困难，有必要制定相应的政策框架，在便于资源利用的同时确保植物检疫安全和公平公正地分享惠益。

个别国家对某一区域可种植特定类型的树木做出了规定，这些政策也需进行审查。另一项重点工作是充分发挥发展中国家的树木种子中心的作用，以加强国际种质转移与小农之间的联系。

在热带地区，小农作为树木多样性的守护者，其作用越来越重要。需要制定奖励机制，肯定他们对树木的保护，帮助他们适应气候变化并改善生计。

同时，小农还需提高鉴别能力，选择能满足自身生计需求并在气候变化条件下适应环境需求的树种和品种进行种植。

有必要制定相应的政策框架，在便于资源利用的同时，确保植物检疫安全和公平公正地分享惠益。

这些结论大部分体现在经粮食和农业遗传资源委员会谈判，并由FAO大会于2013年通过的《森林遗传资源保护、可持续利用和开发全球行动计划》中（FAO，2014）。《全球行动计划》战略重点所依据的原则之一在于遗传多样性是生物稳定性的基石，它使物种得以适应气候变化和新型疾病等环境变化。根据其重点领域3：森林遗传资源的可持续利用、开发和管理，《全球行动计划》肯定了在气候变化和人类对森林的压力日益加剧的背景下，实现人人享有粮食安全和环境可持续性的挑战比以往任何时候都大，因此需要更加有效地利用和管理森林资源。战略重点14侧重于气候变化：

"通过适当管理和利用森林遗传资源支持适应和减缓气候变化——需要遗传多样性来确保物种能够适应环境，并允许通过人工选择和育种提高生产力。因此，遗传多样性，包括物种内部的多样性，是森林生态系统抵御能力和森林物种适应气候变化的关键。"

《全球行动计划》在其4个重点领域内还包括其他战略重点，以支持减缓和适应气候变化。

参考文献

British Columbia Ministry of Forests, Lands and Natural Resource Operations.2008. *Amendments to the standards*: *climate based upward elevation changes* (available at http://www.for.gov.bc.ca/code/cfstandards/amendment-Nov08.htm).

FAO.2014.*Global Plan of Action for the Conservation, Sustainable Use and Development of Forest Genetic Resources.*Rome (available at http://www.fao.org/3/a-i3849e.pdf).

Hamann, A. & Wang, T. 2006.Potential effects of climate change on ecosystem and tree species distribution in British Columbia.*Ecology*, 87(11):2773-2786.

Hamrick, J.L.2004.Response of forest trees to global environmental changes. *Forest Ecology Management*, 197(1-3):323-335.

Konkin, D. & Hopkins, K. 2009.Learning to deal with climate change and cata strophic forest disturbances.*Unasylva*, 60:17-23.

Koskela, J., Vinceti, B., Dvorak, W., Bush, D., Dawson, I., Loo, J., Kjaer, E.D., Navarro, C., Padolina, C., Bordács, S., Jamnadass, R., Graudal, L. & Ramamonjisoa, L. 2010.*The use and exchange of forest genetic resources for food and agriculture.Commission on Genetic Resources for Food and Agriculture.*Background Study Paper No. 44.Rome, FAO (available at ftp://ftp. fao. org/docrep/fao/meeting/017/ak565e.pdf).

Loo, J., Fady, B., Dawson, I., Vinceti, B. & Baldinelli, G. 2011.*Climate change and forest genetic resources: state of knowledge, risks and opportunities.* Commission on Genetic Resources for Food and Agriculture.FAO Background Study Paper No.56.

Mátyás, C. 2007.What do field trials tell about the future use of forest reproductive material?In J. Koskela, A. Buck & E. Teissier du Cros, eds.*Climate change and forest genetic diversity: implications for sustainable forest management in Europe*, pp. 53-69.Rome, Bioversity International.

Muchugi, A., Lengkeek, A., Kadu, C., Muluvi, G., Njagi, E. & Dawson, I. 2006.Genetic variation in the threatened medicinal tree *Prunus africana* in Cameroon and Kenya: implications for current management and evolutionary history.*South African Journal of Botany*, 72(4):498-506.

Muchugi, A., Muluvi, G. M., Kindt, R., Kadu, C.A.C., Simons, A.J.& Jamnadass, R.H.2008.Genetic structuring of important medicinal species of genus Warburgia as revealed by AFLP analysis.*Tree Genetics & Genomes,* 4(4):787-795.

Ouedraogo, M., Ræbild, A., Nikiema, A. & Kjær, E.D.2011.Evidence for important genetic differentiation between provenances of *Parkia biglobosa* from the Sudano-Sahelian zone of West Africa.*Agroforestry Systems*, 85(3):489-503.

Price, T.D., Qvarnström, A. & Irwin, D.E.2003.The role of phenotypic plasticity in driving genetic evolution.*Proceedings of the Royal Society B:Biological Sciences*, 270(1523):1433-1440.

Rehfeldt, G.E., Wykoff, W.R.& Cheng, C.Y.2001.Physiologic plasticity, evolution, and impacts of a changing climate on *Pinus contorta.Climatic Change,* 50:355-376.

Wang, T., Hamann, A., Yanchuk, A., O'Neill, G. A. & Aitken, S.N. 2006.Use of response functions in selecting lodgepole pine populations for future climates. *Global Change Biology,* 12(12):2404-2416.

Ying, C.C.& Yanchuk, A.D.2006.The development of British Columbia's tree seed transfer guidelines:Purpose, concept, methodology, and implementation.*Forest Ecology and Management*, 227:1-13.

©FAO水产图片库 - F. Cardia

粮食和农业水生遗传资源
与气候变化

Roger Pullin, Patrick White

　　无论是在水产养殖业（养殖水生生物）、捕捞渔业（捕捞水生野生动物）还是所谓的养殖型渔业（类似于养鱼场），水生遗传资源均支撑着水生动植物的生产，也为这些系统适应将来的气候变化和其他挑战的影响提供了基础。

　　水生生态系统及其生物区是地球上最大的碳和氮通量，也是最大的碳汇。一些水生微生物体，例如有孔虫和颗石藻，其壳体成分为碳酸钙，存活时吸入碳，死亡后沉入海底，大部分碳被埋在沉积物中并无限期地封锁起来。无脊椎

©OECD-François Fonteneau

注：本节内容由Dafydd Pilling基于Pullin与White（2011）的合著改写而成。

动物，特别是棘皮动物（海星、海胆等）骨骼结构中的碳酸钙，以及海洋鱼类肠道中的碳酸盐沉淀物也对全球碳储量做出了巨大贡献（Wilson等，2009）。总体而言，每年海洋吸收的碳比其向大气释放的碳要多20亿吨。

气候影响着水生环境的许多方面，包括海洋、湖泊和河流的温度、氧气、酸度、盐度和浊度，内陆水域的深度和流量，洋流的循环，以及水生疾病、寄生虫和有害藻华的流行。预计气候变化不仅会影响长期平均值，也会影响短期波动。模式预测21世纪可能出现高温频繁、寒潮频率减少、强降雨事件强度增加、中部大陆地区夏季干旱频率增高以及热带气旋强度增加的现象（美国气候变化科学计划，2008）。在热带太平洋地区，预计厄尔尼诺-南方涛动现象将变得更加剧烈。

大气中二氧化碳含量增加造成的海水酸化是海洋生态系统的主要威胁（Nellemann等，2008）。人们非常担心酸化会危害钙化微生物在碳封存中的作用。

> 大气中二氧化碳含量增加造成的海水酸化是海洋生态系统的主要威胁。

此外，如果脆弱的浮游生物，例如甲壳类浮游动物，受到酸化的影响，海洋食物网络会发生巨大的变化，最终会影响整个生态系统的物种组成。长期来看，预计气候变化也会引起洋流的变化，从而影响一些水生物种的迁徙路线及其卵和幼虫的扩散。

©FAO/T. Fenyes

气候变化可能会在多个方面影响河口、泻湖和其他沿海咸水水域（Bates等，2008；Andrews，1973；Smock等，1994）。这些环境非常容易受到飓风和风暴的影响，而气候变化会使这种天气更加频繁。海平面上升也将构成威胁。大面积降雨可能会增加淡水、养分、沉积物和污染物自陆地流入沿海水域的径流量。

在淡水生态系统中，许多河流都会受到降水和蒸发状况变化的影响（Ficke，2007；MEA，2005）。在气候变化的影响下，预计全球70%的河流可用水量会增加，但其余30%河流会受到不利影响。干旱频发使小湖泊更容易干涸，当地渔业将遭受重创，威胁生物多样性。罕见的暴雨也会造成问题，例如，先前分离的水体因特大暴雨而汇集起来形成洪水灾害，可带来入侵物种威胁当地生物多样性。

气候变化对水生遗传资源及其管理的影响

上述所有与气候相关的变化都会影响水生生物多样性和遗传资源。一些水生物种可以通过迁徙以寻找更加适宜的环境，但其他水生物种或为固着型，或移动范围有限。固着型种群必须适应其原生环境，否则将承受越来越大的生存压力，最终面临灭绝的风险。养殖的水生物种同样无法迁徙，易受气候变化的影响。生长在隔绝孤立环境中的种群也是如此，例如生活在浅水湖泊和山间小溪的水生物种，无法通向其他的水体。还有一些物种无法迁移，因为它们只能生长在特定的生境，如珊瑚礁和海草床。

不断升高的水温对海洋生物分布和丰度的影响已经开始显现。一些温水浮游生物、鱼类和其他水生物种正在向两极迁移，一些浮游动物物种已经向北迁徙了1 000千米（Leemans 和 van Vliet，2004）。在曾经寒冷的水域中，新的物种开始定居，它们将与当地的冷水物种展开竞争，其中一些物种可能会因此灭绝。在大多数环境中，较高的温度会提高水生生物的繁殖力和生长速度，但也会带来一些问题，因为高温会扰乱繁殖时间，对动物生命周期的特定阶段产生负面影响，限制食物供应，或助长疾病、寄生虫和掠食者的盛行。许多水生生物的生存要求周围有稳定的生物群落，因此，在气候变化情况下，不仅它们自身的生理机能受直接影响，而且也易受其他被干扰的生物体的间接影响（Guinotte 和 Fabry，2008）。一些水生群落依赖于特定物种，如珊瑚、海带、红树林和海草。如果这些物种无法适应环境，则受影响的水生群落将会集体瓦解并可能完全消失。

极端天气事件可能导致养鱼场鱼类流失，对野生种群的遗传多样性产生不利影响。

地表径流增加了水体的浊度和淤积，会导致有赖于极其清澈水体的水生物种（例如，巨蛤和珊瑚通过共生的虫黄藻来进食[①]）的丧失。浊度上升削弱了光的渗透，并降低了构成大多数水生食物网基础的浮游植物的丰度和活性。浊度上升也妨碍了水生生物的生存活动——觅食、繁殖和逃避天敌等活动都需要它们能够清晰地观察周围的环境。淤积会导致珊瑚和双壳类等固着型生物被掩埋。随着径流事件的结束，水生物种的繁殖力得以提高，这会对渔业产生正负两方面的影响。从积极的一面来看，水体中的养分更加充足（另外，天敌的活动也可能会中断），某些无脊椎动物的丰度会随之迅速增加（Flint，1985）。然而，径流也会助生有害藻华或造成水体污染（De Casablanca等，1997）。预计这种影响会导致大量水生物种的丧失，尤其是在气候变化的直接影响与人类活动引起的水资源抽取及其他压力日益增加的背景下。有害藻华已经对沿海地区的水产养殖业和渔业构成严重威胁，在亚洲沿海尤为明显，其数量可能随着海水变暖而增加。气候变化也为一些病原体带来更适宜的环境，促进疾病在水生种群间传播。

气候变化的影响与水生环境的其他压力因素相互作用，如过度捕捞、按鱼类大小选择性捕捞、疏浚和建设大坝。

> 气候变化的影响与水生环境的其他压力因素相互作用，如过度捕捞、按鱼类大小选择性捕捞、疏浚和建设大坝。

其他威胁还包括制约水产养殖地区适应能力的政治和体制框架，监测和预警系统、应急和风险规划方面的缺陷，以及诸如贫穷、不平等、粮食短缺、冲突和疾病等更为普遍的问题。

气候变化会导致一些养殖鱼类群体的生理压力增加，其繁殖力将受到影响，且更容易被疾病侵袭。因此，养殖户面临回报下降与风险上升两方面的问题。一些水产孵化场和养殖场将不得不搬迁，或改为养殖适应性更好的水生种群或其他物种。反过来，气候变化也可能带来一些机遇。例如，温度升高，一些渔场的地理范围将会扩大，一些水生物种得以在新地区生存，且生长速度和生产力将有所提高。

一些食用类水产品的安全性可能会受短期气候波动和长期气候变化的影响，尤其会受到水生生态系统、捕后加工过程及销售环节温度升高的影响（Chamberlain，2001）。

[①] 虫黄藻是与珊瑚共生的单细胞生物。

©Roberto Petrucci

    人类要利用水生遗传资源就必须适应气候变化的影响。就渔业捕捞而言，现在很难通过进一步努力促进目标鱼种之间的适应性。虽然可以重新养殖一些具有一定环境适应能力的野生或孵化鱼种，但这会对现存的野生鱼群造成重大且不可逆转的遗传影响。可以采取多种方式在海洋、咸水和淡水中保护野生水生生物，如设立保护水域、实施有效管理以及监测那些被过度捕捞的鱼群如何应对周围的环境变化。在必要情况下，资源保护工作人员可以将重要的水生遗传资源转移到其他原生境，或迁入非原生境样本和基因库。

水生遗传资源在应对气候变化中的作用

    野生和养殖水生生物对环境变化的适应大部分通过自然选择发生。就水产养殖和养殖型渔业而言，自然选择的影响可与选择性育种和从其他地点引入物种相叠加。在所有情况下，遗传适应取决于在环境压力存在下，影响水生生物生存和繁殖能力的性状的多样性（Pickering，1981；Winfield 和 Craiq，2010）。野生种群和孵化场中鱼类繁殖力较高，意味着自然选择可以非常迅速地发挥作用，甚至在几代之内产生适应性较强的种群。

驯化更多的水生物种有助于水产养殖系统适应气候变化的影响，对养殖的水生物种进行基因改良也会起到相似的效果。在一些地区，养殖鳗鱼、鲶鱼和黑鱼等气呼吸型鱼类或耐低氧鱼类可能会变得更加重要。

遗传适应取决于在环境压力存在下，影响水生生物生存和繁殖能力的性状的多样性。

气呼吸型鱼类往往耐热性更强（FAO，2008）。代际间隔和生产周期较短的养殖物种往往优势较大。鱼类养殖时间越长，越容易受到不利气候事件的影响。

有充分的证据表明，水生生物的耐热性存在种内差异。在气候变化背景下，越来越需要选择耐高温物种，或在某些地区选择耐低温物种进行育种。野生和养殖的水生物种种群对病原体和寄生虫的抗病性和易感性也不同。一些野生鲑科鱼对微生物疾病和寄生虫的抗病性较高，足以很好地证明养殖鱼类的野生亲缘种作为遗传资源用于育种计划的重要性（Withler和Evelyn，1990）。

在水产养殖中利用遗传学来培育具有抗病性和不利环境耐受性，且无特定病原体的物种，其历史相对较短，但可能会变得越来越重要，因为气候变化、物种入侵和环境污染导致生态系统发生着变化。已有证据显示一些物种能

©Sean Sprague/Panos Pictures

够在浑浊条件下比其他物种更好地生存繁衍，除此之外，关于水生物种对浑浊和淤积的耐受性遗传学的研究几乎是空白。

为适应气候变化，可将广泛的生物技术用于养殖水生物种的选择性育种。种内杂交（同一物种内两个不同品种、原种或品系的个体进行交配）和种间杂交（来自两个不同物种的个体进行交配）在水产养殖和养殖型渔业中使用已久，也可以人工培育出能够适应气候挑战的多倍体[①]和单性鱼类种群。DNA标记、基因组作图、微阵列和测序等遗传分析技术也发展迅猛。水生生物基因研究将越来越多地集中在改良物种的环境压力耐受性状上，例如极端温度、缺乏溶解氧、不适宜的盐度以及疾病。需要注意的是，对上述每一项生物技术的应用都要考虑其生物安全性，包括养殖生物接触野生水生生物和生态系统后产生的影响（Pullin等，1999）。

广栖性物种指那些能够在多变的和具有挑战性的环境中茁壮成长的物种，与特定栖息地的物种相比，更不易受气候变化的影响，因此数量将更多且分布更广泛。广栖性鱼类物种对商业捕捞来说可能价值不大，但对育种计划和相关研究意义重大。例如，广栖性罗非鱼由于生长不良和过早成熟，不宜作为养殖物种，但它是育种计划的遗传物质来源，尤其被用来培育耐盐杂交种。

©FAO/Giuseppe Bizzarri

① 多倍体生物具有两对以上的配对染色体。

©FAO/A.K.Kimoto

　　成功适应气候变化的水生生态系统也有助于缓解气候变化，特别是通过碳汇的持续作用。其中涉及的大部分为野生物种，但其作用受到人类活动的影响。FAO《负责任渔业行为守则》（FAO，1995）就可持续利用水产系统在捕捞鱼类方面提供了指导，但在生产链上也需要加强责任制。

　　水产养殖和渔业在削减自身温室气体排放方面有很大的空间，主要是通过提高能源使用效率。在遗传资源的使用方面，减缓气候变化的关键在于采用侧重食物链营养关系的生态系统方法（Pullin，2011）。转向养殖草食鱼或杂食鱼，以及提高水产养殖的饲料转化率尤为重要。

　　海水养殖仍然缺乏与淡水养殖类似的驯化的草食或杂食的有鳍鱼类物种。许多海鱼在珊瑚礁、海草床或河口觅食，这类鱼在水产养殖和养殖型渔业中的潜在作用有待挖掘。但是它们中有许多将受到气候变化的威胁，因此保护这些物种赖以生存的生态系统也至关重要。

　　流域、泛滥平原和其他淡水湿地可作碳汇并处理含氮废弃物，意义重大。水生遗传资源对于提供这些生态系统服务至关重要。然而，它们的作用取决于适宜和稳定的水文状况。由于集约农业、林业、人类居住区和工业的发展，许多湿地濒临干涸。正是由于负责任的内陆渔业和水产养殖的存在，水生生态系统得以维护，与减缓气候变化相关的服务得以发展（Molden，2007）。

面对气候变化，稀缺水资源的综合利用将变得越来越重要。例如，在非洲萨赫勒等旱地生态系统中，季节性水产养殖和渔业可改善当地人民生计。小鲤鱼、鲶鱼、罗非鱼和各种小型本地物种的养殖周期可短至3个月。

综合农业（例如作物—畜牧—渔业系统）可能对减缓气候变化做出重大贡献，需对其潜力进行彻底研究。此类系统可有效利用当地可用的营养和水。诸如尼罗罗非鱼等鱼类可提高湿地农业系统的生产力，并增加土壤中的微生物量（Lightfoot等，1990）。综合农业系统与密集型水产养殖场和传统农业相比，所消耗的化石能源也较少（Haas等，1995）。

结论与建议

与陆地生态系统和陆地遗传资源相比，水生生态系统和水生遗传资源在适应和减缓气候变化方面的作用远未得到重视。水生生态系统释放温室气体，但它也是当前及潜在的最重要的气候变化减缓因素。使水生遗传资源在适应和减缓气候变化中发挥最大的作用，最关键的是保护好水生生态系统及其遗传资源。

而这离不开对水生生物多样性研究加大投资，并辅以更有效的决策和更强的机构与人力支持。同样重要的是要了解气候变化的影响与水生生物和生态系统的许多其他压力因素之间的相互作用。

促进这些生态系统适应气候变化的影响需要采取整体的方法，包括与其他粮食和农业部门开展合作。

应鼓励水产养殖户和渔民掌握适应气候变化的技能，并为他们提供相应设备和培训。信息提供和推广、沿海防御、极端事件预报和预警系统等已经超出他们个人的财力和技术能力，需由政府和科研机构承担。

水生遗传资源在适应和减缓气候变化中的作用需要加以研究、记录、改进和维持，这离不开多方面的协作关系。然而，通常情况下这些协作关系不仅缺乏相应的资源，而且发展也不够充分。具体来说，负责特定食品生产部门或下属部门

> 使水生遗传资源在适应和减缓气候变化中发挥最大的作用，最关键的是保护好水生生态系统及其遗传资源。

的组织之间的协作关系需要得到加强，另外，公共部门和私营部门之间的协作

关系亦需加强。对气候变化的关注可促进新协作关系的建立，并有助于巩固现有的协作关系。

通过自然选择和迁徙，野生水生植物和动物已经在逐步适应气候变化。水生生物的进一步驯养和繁殖也有很大空间，以使水产养殖适应气候变化的影响。这一过程可利用多种生物技术，但是当水生生物的基因发生改变时，保证严格的生物安全措施至关重要，以避免危害生态系统和野生种群。对于外来物种（即从其他地点引进的物种）也应采取类似的预防措施。

需要对生态系统内承载和支持水产养殖业和渔业的碳和氮流量加以深入研究。负责任的内陆水产养殖业和渔业有助于退化流域的恢复。

一般来说，内陆水产养殖业和渔业在综合利用稀缺淡水资源方面应当扮演良好的伙伴角色，占据部分水域，但不会大量消耗。应继续修复退化的沿海地带，例如，开展红树林造林，禁止过度捕捞及其他破坏性捕捞活动。

创新的水产养殖和渔业经营方式，如综合养殖系统和多营养级水产养殖，有助于削减气候变化和其他压力因素对水生生态系统的不利影响，应当进一步研究和发展。水产食品在能源使用和效率方面通常具有许多比较优势。

急需扩大水生遗传资源的原生境和有互补作用的非原生境的保护，尤其需要关注在气候变化适应和减缓方面具有潜力的资源。应建立更多水生保护区并加以管理，以促进水生遗传资源的保护，尤其是在淡水生态系统中。

> 急需扩大水生遗传资源的原生境和有互补作用的非原生境的保护，尤其需要关注在气候变化适应和减缓方面具有潜力的资源。

尽管水生遗传资源在全球粮食安全和可持续生计中发挥着重要作用，但关于这些资源的信息往往是零散的和不完整的。标准化欠缺意味着难以获取数据和信息。粮食和农业遗传资源委员会已着手编写关于"世界粮食和农业水生遗传资源状况"的首份报告，重点关注国家管辖范围内的养殖水生物种及其野生亲缘物种。各国有机会就气候变化等影响其水生遗传资源的主要因素进行报告。该报告应就水生遗传资源在适应和减缓气候变化方面的潜在作用提出见解。

参考文献

Andrews, J.D. 1973.Effects of tropical storm Agnes on epifaunal invertebrates in Virginia estuaries.*Chesapeake Science*, 14:223-234.

Bates, B.C., Kundzewicz, Z.W., Wu, S. & Palutikof, J.P.(eds.).2008:*Climate change and water.*Technical Paper of the Intergovernmental Panel on Climate Change, IPCC Secretariat, Geneva.

Chamberlain, T. 2001.Histamine levels in longlined tuna in Fiji: a comparison of samples from two different body sites and the effect of storage at different temperatures.*The South Pacific Journal of Natural Sciences*, 19(1):30-34.

De Casablanca, M-L., Laugier, T. & Marinho-Soriano, E. 1997.Seasonal changes of nutrients in water and sediment in a Mediterranean lagoon with shellfish farming activity (Thua Lagoon, France).*ICES Journal of Marine Science*, 54:905-916.

FAO.1995.*Code of Conduct for Responsible Fisheries.*Rome (available at ftp://ftp. fao.org/docrep/fao/005/v9878e/v9878e00.pdf).

FAO.2008.*Aquaculture development 3.Genetic resource management.*FAO Technical Guidelines for Responsible Fisheries 5.Suppl. 3.Rome.

Ficke, A., Myrick, CA.& Hansen, L.J.2007.Potential impacts of global climate change on freshwater fisheries.*Reviews in Fish Biology and Fisheries*, 17:581-613.

Flint, R.W. 1985.Coastal ecosystem dynamics: relevance of benthic processes. *Mar. Chem.*, 16:351-367.

Guinotte, J.M.& Fabry, V.J.2008.Ocean acidification and its potential effects on marine ecosystems.*Annals of the New York Academy of Sciences*, 1134:320-342.doi:10.1196/annals.1439.013.

Haas, G., Geier, U., Schulz, D. & Köpke, U. 1995.CO_2 balance: can the CO_2 efficiency of organic farming be used as a guide for developing agricultural production systems in the Third World?*Plant Science Research and Development*, 41/42:15-25.

Leemans, R. & van Vliet, A. 2004.*Extreme weather.Does nature keep up?*World Wildlife Fund Report.

Lightfoot, C., Roger, P.A., Cagauan, A. & Dela Cruz, C.R.1990.A fish crop may improve rice yields and ricefields.*Naga.The ICLARM Quarterly,* 13(4):12-13.

MEA.2005.*Ecosystems and human well-being: scenarios.Volume 2.* Washington D C, Millennium Ecosystem Assessment.

Molden, D. (ed.).2007.*Water for food and life:A comprehensive assessment of water management in agriculture.*London, Earthscan and Colombo, Sri Lanka, International Water Management Institute.

Nellemann, C., Hain, S. & Alder, J. (eds.).2008.*In dead water, merging of climate change with pollution, overharvest and infestations in the world's fishing grounds.*Arendal, Norway, UNEP Rapid Response Assessment.

Pickering, A.D.(ed.).1981.*Stress and fish.*London, Academic Press.

Pullin, R.S.V.2011.Aquaculture up and down the food web, In V. Christensen & J.L.Maclean, eds.*Ecosystem Approaches to Fisheries: a Global Perspective*, pp. 89-119.Cambridge, UK, Cambridge University Press.

Pullin, R.S.V., Bartley, D.M.& Kooiman, J. (eds.).1999.Consensus statement. In *Towards policies for conservation and sustainable use of aquatic genetic resources.*ICLARM Conference Proceedings, p. 253.

Pullin, R. & White, P. 2011.*Climate change and aquatic genetic resources for food and agriculture: state of knowledge, risks and opportunities.*Commission on Genetic Resources for Food and Agriculture.Background Study Paper No. 55.

Smock, L.A., Smith, L.C., Jones, J.B.Jr. & Hopper, S.M.1994.Effects of drought and a hurricane on a coastal headwater stream.*Archiv für Hydrobiolo gie*, 131:25-38.

US Climate Change Science Program and the Subcommittee on Global Change Research (USCCSP).2008.*Weather and climate extremes in a changing climate.Regions of focus:North America, Hawaii, Caribbean and US Pacific Islands*, edited by T.R.Karl, G.A.Meehl, C.D.Miller, S.J.Hassol, A.M. Waple & W.L.Murray.US Climate Change Science Program Synthesis and Assessment Product 3.3.

Wilson, R.W., Millero, F. J., Taylor, J.R.Walsh, P.J., Christensen, V., Jennings, S. & Grosell, M. 2009.Contribution of fish to the marine inorganic carbon cycle.*Science*, 323, 5912:359-362.

Winfield, I.J.& Craig, J.F.(eds.).2010.Fishes and climate change.Special issue FSBI Symposium.*Journal of Fish Biology*, 77(8):1731-1998.

Withler, R.E.& Evelyn, T.P.T.1990.Genetic variation in resistance to bacterial kidney disease within and between two strains of coho salmon from British Columbia.*Transactions of the American Fisheries Society*, 119:1003-1009.

©Dino Martins

粮食和农业无脊椎动物遗传资源与气候变化

Matthew J.W. Cock[1], Jacobus C. Biesmeijer[2], Raymond J.C. Cannon[3], Philippa J. Gerard[4], Dave Gillespie[5], Juan J. Jiménez[6], Patrick M. Lavelle[7], Suresh K. Raina[8]

1 瑞士国际应用生物科学中心

2 荷兰自然生物多样性中心

3 英国食品与环境研究院

4 新西兰农业科学院鲁亚库拉研究中心

5 加拿大农业和农业食品部阿加西研究中心

6 西班牙国家研究委员会

7 哥伦比亚国际热带农业中心热带土壤生物学与生产力研究所

8 肯尼亚国际昆虫生理生态中心

众所周知，无脊椎害虫造成了很多问题，虫害治理耗费了大量的人力和物力，但人们往往忽视了无脊椎动物为农业和粮食安全做出的巨大贡献。

无论在农业和生物多样性研究、实践、政策或战略层面，也许最受忽视的群体是土壤无脊椎动物（本节讨论的3种主要的无脊椎生态系统服务提供者中的第一种）。这类动物身形微小，很不起眼，但它们的作用不容小觑。一些体型稍大的土壤无脊椎动物，如蚯蚓、蚂蚁和白蚁，被称为"生态系统工程师"。它们创造了维持健康土壤群落和基本土壤过程所需的物理结构，例如水的渗透和储存，以及碳的封存和循环。它们有助于维持植物生长所需的化学肥力。有些无脊椎动物会处理土壤表面的落叶层，它们的作用也不小。

注：本节内容由Dafydd Pilling基于Cock等（2011）的合著改写而成。

©Petterik Wiggers/Panos Pictures

这一类无脊椎动物涵盖很多物种，有小型线虫和单细胞原生生物，也有木虱、千足虫和蜈蚣等较大型物种。在刚失去生命的有机质转化为腐殖质和营养逐步释放的过程中，它们是主要的参与者。最后是最小型的无脊椎动物，身体不到1/10毫米，它们居住在土壤团聚体中，通过捕食微生物来促进有机质的矿化。

这些过程都不是孤立的。土壤无脊椎动物的关系网复杂，他们彼此间以及与植物、微生物和物理环境相互作用。一些物种被誉为土壤群落中的"基石"，它们的存在和作用对其他生物体具有极大的影响。土壤中任何一种"基石"物种的丧失都可能导致巨大的变化，并在更大范围内削弱生态系统提供服务的能力。

大多数土壤生态系统中居住的无脊椎物种，其数目尚未确定，更不用说鉴定和描述了。土壤群落之间以及土壤群落与地上生物多样性之间错综复杂的生态关系至今鲜为人知。

> 土壤无脊椎动物的关系网复杂，他们彼此间以及与植物、微生物和物理环境相互作用。

尽管如此，很明显的是在许多农业系统中，土壤无脊椎动物群落正在减少，导致土壤退化率增加、养分消耗、肥力降低、水分流失和作物生产力下降。土壤生物多样性丧失的驱动因素包括农业系统的同质化、单种作物生产的普及、农业化学品的不适当使用以及连续耕作引起的土壤过度干扰。

　　第二种主要的无脊椎动物生态系统服务提供者是授粉者。据估计,世界粮食生产至少35%来自依赖昆虫授粉的作物(Klein等,2007)。授粉昆虫包括来自农田附近的自然或半自然生境的野生物种,以及由农民引入的专事传粉的生物(通常为蜜蜂)。野生和人工管理的授粉者都在减少,这可能是多种因素相互作用的结果,比如,土地利用发生变化(例如花卉丰富的草地丧失),大量使用杀虫剂,一些社会经济因素减弱了养蜂吸引力,一种叫狄斯瓦螨的寄生螨和其他蜜蜂病原体的大量传播等。这种情况引起了人们的担忧,被称为"授粉危机"。

　　第三类无脊椎动物生态系统服务提供者是微生物生防菌——有害物种的天敌。生防菌常见于其目标物种(即特定害虫)生存的农业生态系统之中或周围。几乎所有的作物生产系统都受益于天然存在的本地生防菌的作用。

> 据估计,世界粮食生产至少35%来自依赖昆虫授粉的作物。

　　此外,可从外部引入生防菌,专门用于减少害虫数量,可将菌群永久引入新的生态区域("传统生物防治"策略),或在特定作物周期中将生防菌一次或多次直接引入("增效生物防治"策略)。

　　本节重点介绍上述三组无脊椎动物。但是,也应认识到,一些无脊椎动物本身就是人类消费的食物和其他产品的重要来源。

　　从昆虫获得的最具经济意义的产品是蜂蜜和蚕丝。在西方文化中,人们通常不食用陆生无脊椎动物(除了一些国家食用蜗牛外),但在世界其他地方,大多数体型稍大的易捕捉的无毒无脊椎动物是可食用的,包括蚱蜢、蝗虫、蟋蟀、蝉、蚂蚁、白蚁、甲虫、飞蛾的蛹、蝎子、蜘蛛和蠕虫。目前,这些无脊椎动物大多从野外获得,很少人工养殖。野生无脊椎动物是一种极为丰富且可再生的资源,是蛋白质、脂肪、维生素

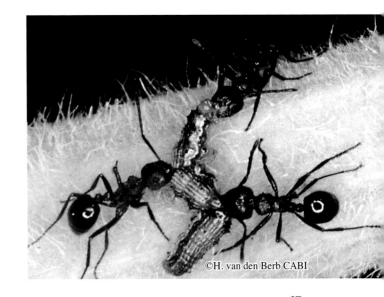

©H. van den Berb CABI

和矿物质的良好来源，捕捉后食用或在当地市场销售无需多少投入。

对于无法获取其他蛋白质来源的人来说，无脊椎动物可成为日常饮食的重要组成部分，而且比其他食物更容易获得。

人们已开始关注无脊椎动物养殖的潜力，它们是生态友好型生产者，可为人类或动物提供食物。

人们已开始关注无脊椎动物养殖的潜力，它们是生态友好型生产者，可为人类或动物提供食物。与传统的脊椎畜禽相比，一般来说昆虫的食物转化效率更高，生长和繁殖速度更快，占用空间、用水量和产生的温室气体更少。然而，将无脊椎动物作为食物而大量生产仍然只是一种可能性，在规模性生产之前，需要先进行研究、测试、市场开发，解决供应链、存储、准备、促销和消费者偏好等问题。

气候变化对无脊椎动物遗传资源及其管理的影响

预计这三大类无脊椎动物生态系统服务提供者以及无脊椎害虫均会受到气候变化的影响。无脊椎动物的体温控制能力有限，因此，尽管包括土壤生物在内的一些种群在一定程度上能够缓冲更广泛环境中温度变化的影响，但温度升高可能还是会直接影响无脊椎物种的分布。在气候变化背景下，与农业无脊椎动物遗传资源管理相关的许多挑战都将与受气候驱动或人为辅助的无脊椎动物迁移有关。

预计大多数无脊椎动物将根据气候变化改变其地理分布，以留在适应区域。第四纪冰期和间冰期昆虫分布的亚化石证据足以证明这一点。亚化石记录几乎没有证据表明在第四纪曾发生过新物种的进化或大规模灭绝。亚化石遗骸几乎全部可与现有物种相匹配，事实上，物种出现的类似相关性意味着其生理和生态需求并没有发生显著的变化。从亚化石记录可以看出，物种曾在第四纪初期消失，但几乎没有证据表明自那以后物种曾大量灭绝。这意味着现存的物种自第四纪开始以来基本没有变化，且在重复的冰期和间冰期中幸存下来。亚化石的证据能说明的是：昆虫物种非常善于迁徙。一般来说，冰期期间生活在温带地区的物种现存于喜马拉雅山等亚北极和高山寒冷地区，在第四纪暖期生活在温带地区的物种现在生活在亚热带地区。答案非常明显：物种并非适应气候变化，而是迁徙到更宜居的地方。

现在的世界与第四纪早期大不相同。人类活动为无脊椎物种的迁徙制造了障碍，与对农业生态系统物种造成的影响相比，这些障碍可能给自然生态系统物种带来的危害更加严重。因为人为导致的景观变化非但没有阻碍农业生态

系统无脊椎动物物种的迁徙，反而起了促进作用。在无法迁徙的情况下（例如在低矮的孤岛上），无脊椎物种的原地适应特性会明显地呈现出来。

温度和降雨模式的变化以及二氧化碳浓度升高将对无脊椎动物产生综合性影响，关系到它们提供生态系统服务或作为害虫的能力，但是要预测这些影响是非常困难的。迄今有关此类相互作用的研

> 温度和降雨模式的变化以及二氧化碳浓度升高将对无脊椎动物产生综合性影响，关系到它们提供生态系统服务或作为害虫的能力，但是要预测这些影响是非常困难的。

究仍是空白。与无脊椎动物相互作用的生态系统的其他组成部分，例如食用植物和微生物等，也将受到气候变化的影响，这将使情形变得更为复杂。

在人类活动的辅助下，大多数无脊椎传粉昆虫和害虫及其天敌都可以随着作物和饲料分布的变化而与其寄主植物一起迁移。然而，由于无脊椎物种对温度和其他气候因素的敏感度存在差异，在伴随相关的作物或畜牧生产体系迁移的过程中，无脊椎动物群落的物种组成也会随之发生变化。某些物种对白昼长度和其他特定的生境要素敏感，这也会影响它们在新纬度地区立足的能力。

有人认为，未来世界上有些地方会出现前所未有的新型气候，这将不可避免地导致无脊椎动物物种间的新型关联，并对农业产生新的影响。这种变化的后果很难预测。一些结果可能是有益的，例如某些害虫的消失；另一些可能

是有害的，例如某些有益无脊椎动物的消失。人类活动无论是否属于农业系统范畴，例如自然生境遭到破坏和分割，都有可能对无脊椎动物如何应对气候变化产生重大影响。

气候变化会导致热浪、干旱和洪水等极端天气事件频发，往往会引发病虫害，这主要是因为极端事件淘汰或减少了害虫的天敌。例如，田间数据表明，拟寄生物[①]一般比其寄主对极端气候更为敏感，且在种群恢复方面落后（Thomson 等，2010）。风险在于，气候变化会加剧这种影响，因为害虫与其天敌之间的长期关系遭到了连续极端事件的破坏（例如干旱之后的强降雨期）。

冬季变暖和变短意味着许多无脊椎动物变得活跃，且繁殖时间提前，有些物种一年内繁殖后代的频次增加。这会对寄主植物产生重大影响，从而影响到食草动物。同样，暖冬可能意味着害虫能够在以前未造成问题的地区生存繁衍。尚未确定本土的天敌是否有能力应对虫灾并有效控制害虫数量。

预计气候变化将对土壤无脊椎动物及其提供的服务产生深远的影响。无脊椎动物参与许多生物地球化学过程或受其影响，例如土壤呼吸、凋落物分解、氮矿化和脱氮作用，而温度是调节该过程的一个关键因素。研究表明，温度升高和二氧化碳浓度升高都会影响无脊椎物种的丰度和土壤群落的组成（Jones等，1998；Briones 等，2009）。有些物种比其他物种的适应性更强。对某些无脊椎动物而言，在土壤剖面中能够移动至较凉爽和潮湿的层级是一项重要的生存能力。

温度升高可能会改变无脊椎动物的行为，包括食肉动物的捕食行为和食草动物的摄食习惯。温度也会影响攻击无脊椎动物的病原体的毒性，以及宿主动物抵御拟寄生物影响的能力。气候变化可能会引起降雨模式的改变，并与温度变化相互作用，从而影响土壤中的干湿循环。此外，植物的分布、生长和生理状况都可能受到气候变化的影响。随之而来的叶片营养成分的变化会影响土壤无脊椎动物的饮食。

> 冬季变暖和变短意味着许多无脊椎动物变得活跃，且繁殖时间提前，有些物种一年内繁殖后代的频次增加。这会对寄主植物产生重大影响，从而影响到食草动物。

植物和草食性无脊椎动物及其天敌三者之间的关系在长期的共同进化中发展起来。高营养级别物种（食肉动物和拟寄生物）比食草动物更容易受到气候变化的影响，因为它们的生存取决于较低营养级别物种的适应能力。具有非常特定宿主范围的天敌，它们正是传统生物控制项目中常使用的动物类型，可

[①] 拟寄生物生命的大部分时间附着或依存于单个宿主生物体内或体表，并最终致其死亡（通常会将寄主食尽）。

©FAO/Sergio Pierbattista

能格外敏感，因为它们需要将生命周期与其宿主动物的生命周期同步。

预计气候变化将引起物种生命周期同步程度的显著变化。事实上，即使很小的变化也可以在局部范围内显著影响生防菌的防效。近期研究表明，有些原来看似泛化生防菌的物种往往为过去未被认识的专化物种的复合体。与泛化物种相比，专化物种对气候扰动带来的破坏影响更为敏感，因此，在受到气候变化影响时的表现可能比人们预期的更脆弱。

个别传粉物种可能因其生命周期与开花植物的生命周期不同步而受影响。传粉物种的多样性应当为作物减产提供缓冲。然而，有些作物依赖于专化传粉物种，当气候变化导致生产地点发生改变，或传粉物种生命周期与开花植物的生命周期不同步时就会引发问题。

无脊椎动物遗传资源在应对气候变化中的作用

无脊椎动物提供许多生态系统服务，因而在使农业适应气候变化的影响方面发挥着关键作用。很难预测气候变化将在多大程度上促进或阻碍无脊椎动物提供的各种服务。但是，如果无脊椎动物生物多样性丧失，生态系统的适应能力可能会减弱。

　　健康的土壤，以及健康、多样的土壤无脊椎动物群落，对适应气候变化至关重要。例如，蚯蚓有助于整个土壤剖面保持土壤结构和水分。研究表明，这些动物的存在有助于减轻干旱对作物生产的影响（Johnson等，2011），也说明了各种无脊椎动物群落具有恢复退化土壤结构的显著能力（Barros等，2004）。

　　对无脊椎动物进行管理以发挥其有益作用，这方面的研究非常少，也很少有人有计划地将土壤无脊椎动物引入新的国家或生态系统。鉴于其有可

> 在农业活动中应尽一切努力避免破坏寄宿于土壤的无脊椎动物群落及其提供的服务。

能成为入侵性物种，因此建议在对土壤生态系统有比目前更为深入的理解之前，不要将此类物种引入其他地区。但是，在农业活动中应尽一切努力避免破坏寄宿于土壤的无脊椎动物群落及其提供的服务。

　　为应对气候变化，害虫种群的地理分布和生命周期会发生改变，而各种天敌和拟寄生物的存在将降低该过程中虫灾暴发的风险。

　　有计划地引入生防菌是一种行之有效的做法，可以帮助作物生产系统应对因气候变化而出现的新型病虫害。保护那些具备抗虫害功能的捕食型动物和拟寄生物非常重要。还需要调整农业活动，避免对农地及其周围的无脊椎动物生物多样性造成破坏。对于增效型生物防治，另一种潜在的策略是选择性地培

©FAO/Olivier Asselin

©Vipin Baliga

育具有所需特征的物种，例如更强的耐热性、繁殖力或更广泛的宿主范围。然而，选择性培育生物防治物种的做法至今非常少见。

传统的生防菌移居种群的遗传多样性较低，其原因在于种群移居所依赖的基础种群数量偏小。缺乏多样性可能会削弱种群应对气候变化的能力。因此，有必要从生防菌的原生家域移入新的种群以丰富遗传的多样性。还可以通过优化管理方法对农业生态系统进行调整，以增强生防菌的防效，否则它们将在多变的环境中难以生存。例如，可以在田边建立保护区，为生物防治物种提供食物和生境。对于增效型生物防治，也可以调整生防菌的投用方式。例如，干旱易感型生防菌可以在环境较潮湿的傍晚投用。

为应对气候变化，有些害虫会迁徙到新的地区而暂时避开天敌。这样一来，对传统型生防菌的需求可能会增加，尤其是在某些地区，新迁入的害虫种群与其原始生境被海洋或山脉等物理屏障分隔开。因此，引入传统型生防菌对岛国来说十分重要。然而，气候变化可能带来粮食供应和价格的不确定性和波动性，使用生防菌的吸引力也会下降。因为生物防治手段存在时滞，不确定性会导致农民选择使用效果迅速且明显的广谱杀虫剂，而杀虫剂反过来会对生防菌产生不利影响。

在目前以及可见的将来，还无法实现非原生境生防菌保护，这些动物的生命周期不像种子或孢子那样存在长期休眠阶段。唯一的选择是通过养殖来养护种群，但其生物多样性会随时间的推移而流失。因此，生防菌只能在原生境得以恰当保存。实际上如果农业活动管理得当（例如较少使用农药），则不会对生防菌的生存造成妨碍，农业生态系统便可成为最重要的生防菌物种库。大多数生防菌也可能在自然生态系统（即那些不用于农业的生态系统）存在一些油藏微生物群落。这些生态系统可能会在已知的生防菌物种中孕育出新的遗传多样性。

它们也可能是某些未知物种的生境，这些物种将来有可能成为生防菌。因此，保护自然生态系统和富含物种多样性的农业系统对确保未来有充足可用的生防菌至关重要。只有经过进一步研究才能知道哪些生态系统对哪些生防菌的保护意义重大。

> 保护自然生态系统和富含物种多样性的农业系统对确保未来有充足可用的生防菌至关重要。

有些昆虫可为不同作物提供授粉服务，在应对气候变化时保护这些昆虫物种对农业的未来发展也是至关重要的。随着人类对粮食的需求日益增加，传粉者不仅需要能够适应不断变化的气候条件，还必须能够提供增加的授粉服务，并保持适应作物种类潜在变化的能力。

野生传粉物种的自然生境需要加以识别和保护。随着土地利用的变化，可能有必要保护或开发适宜的生境廊道，以确保食物和筑巢资源可供传粉者使用。研究表明，农田附近存在的自然和半自然生境能够增强传粉者种群的多样性，同时有助

> 随着土地利用的变化，可能有必要保护或开发适宜的栖息廊道，以确保食物和筑巢资源可供传粉者使用。

于提高传粉的效果(Steffan-Dewenter和Tscharntke，1999；Morandin和Winston，2006；Ricketts等，2008)。有目的地种植一些利于保护传粉者的气候适应性植物，可帮助养护野生传粉者和人工饲养的蜜蜂所需要的生境和花卉资源。如果环境中的食物资源（非农作物）丰富，那么就有植被多样化的优势，可吸引多种授粉昆虫。这一点非常重要，这是因为，有些作物的花可接受不同物种授粉，当多种不同的授粉物种出现时，这些作物的产量可能会更加可靠 (Hoehn 等，2008)。由于不同的物种对气候变化有着不同的反应能力，不同种类的传粉者所提供的保障也有助于促进作物的适应性。

世界上最重要的驯化传粉者是蜜蜂，这反映了物种的适应性。蜜蜂可以在许多不同的条件下繁衍生息，从北极到热带，从雨林到沙漠。气候变化可能意味着，某些地区需要引进适应当地条件的新蜂种或杂交品种，例如具有抗旱性或不会逃离的品种。

应对气候变化可能还需要考虑使用其他蜜蜂品种(或其他昆虫)作为驯化传粉者。例如，一些无刺蜂和独居切叶蜂可以被驯化和繁殖。可以根据其生态特性和环境忍耐力(如广食性和筑巢习惯)来选择物种，使驯化授粉策略适应

气候变化的影响。

如上所述，依赖专化授粉物种的作物可能特别容易受到气候变化的影响。一旦出现问题，唯一的选择可能是驯化和利用专化传粉者。

需要注意的一点是，在新环境中使用驯化生物会存在一些风险，这些生物可能会对本地物种产生干扰。这可能是由物种对食物和巢穴等资源的竞争引起的，也可能是由害虫或疾病的入侵所导致。另外，本地物种也可能将疾病传给引入的驯化传粉者。一个众所皆知的负面事件就是瓦螨通过亚洲蜜蜂迁徙到东南亚，侵袭了那里的驯化蜜蜂。蜂箱感染瓦螨已成为目前全球关注的问题。考虑到这些风险，迁徙驯化生物必须先做好完善的风险评估，这一点极其重要。

最近，驯化蜜蜂种群的问题引起了人们对授粉服务脆弱性的重视。目前，作物授粉可能受到一系列因素的限制，在不同的地区存在不同程度的授粉效果，这些限制因素包括作物管理不善，授粉者栖息地不足，杀虫剂的使用以及不利的气候条件等。而气候变化极有可能会加剧这些问题。

要处理好这些问题需要统筹考虑农场和周边自然环境的管理系统。例如，将单一栽培转为混合种植系统和农林种植，这可为传粉者提供有利的小气候和多样的食料以及筑巢资源，从而能有助于减少气候变化的影响。

许多传粉者能够在没有人类帮助的情况下实现长距离迁徙。然而，气候变化很可能会增加对跨国传粉者辅助迁徙的需求。这种迁徙具有潜在的重要益处，但也会产生不可忽视的问题。相对来说，规范蜜蜂及蜂产品国际贸易的国际法体系比较新，为保护蜜蜂产业及合法的蜂蜜认证贸易提供了一个框架。卫生问题则在世界动物卫生组织的《陆生动物卫生法典》中进行了规定，目前还没有针对诸如本地传粉者迁移的环境风险等方面的国际规章。

许多传粉者能够在没有人类帮助的情况下实现长距离迁徙。然而，气候变化很可能会增加跨国传粉者辅助迁徙需求。

结论与建议

对于气候变化将如何影响特定的无脊椎物种及其功能，目前尚无定论。不过，可得出三个一般性结论。首先，气候变化很可能会妨害无脊椎动物在农业领域的使用（尽管还无法预测这些妨害的确切性质）。其次，如果不采取干预措施，这些妨害将会造成生产损失（尽管目前还不知道这种损失的程度）。第三，在气候变化的情况下，有必要采取干预措施帮助无脊椎生物适应环境并继续提供生态系统服务（尽管干预的方法和促进干预措施所需的政策尚未到

©Dino Martins

位）。下面将简要介绍如何在科学知识、物种的保护、利用和获取以及政策领域采取优先干预措施。

科学知识

（1）需要进一步了解各种有益的无脊椎动物在农作物生产中发挥的作用，特别是主要农作物的野生传粉者、土壤无脊椎动物和自然生防菌方面的知识。发展中国家在这方面的知识尤其缺乏。

（2）无脊椎动物品种、群落和食物网络对气候变化的反应需要加以量化研究。科学家对无脊椎动物应对气候变化的研究仅有20年的历史，目前虽已发现了多方面的行为特征和驱动因素，但并未完全揭示与气候变化有关的综合因素的影响。

（3）需要进一步研究热带地区过去的气候变化及其对无脊椎动物的影响。虽然过去的气候变化事件在温带地区（基于树木年轮、冰川和保存完好的亚化石）有较好的记录，但热带地区却缺乏平行数据。

（4）需要进一步完善无脊椎动物，特别是生防菌和土壤无脊椎动物，在农业生态系统中的遗传特征描述和分类。

（5）需要就关键物种应对气候变化的迁徙能力开展更多的研究，特别是生命周期中不具迁移阶段的土壤无脊椎动物的迁徙速度以及生防菌追踪其宿主分布变化的能力。

保护、利用和获取

（1）需要开发用于驯化野生蜜蜂和其他传粉者物种的养殖技术。

（2）需要探究措施，保护优化害虫泛化天敌。为此，要进一步了解这些生物的陆地迁徙情况，以及其分布如何受到食物和保护区等资源的影响。

（3）需要对害虫的生境源及其相关的生防菌进行鉴定和保护。要使生物防治策略适应气候变化的影响，可能需要在遗传资源的生境源获取这些资源。

（4）需要研究新方法对一些重要的土壤生态系统"工程师"进行规模化生产，以便对其在土壤管理中的作用进行实验评估。

（5）需要进一步研究可食用无脊椎动物的可持续利用和驯化问题。这种有潜在价值的食物资源没有得到应有的重视，如果可将其开发为一种可行的替代性食物，从而减少人类对其他动物的食用，将有助于减缓气候变化。

政策环境

（1）需要制定一个总体战略，统筹管理无脊椎动物和生态系统中的其他组成部分。

（2）需要制定促进和规范国家间无脊椎基因资源流动的指导方针。这些指导方针应以现有生防菌管理规定为基础，同时将应急响应和害虫风险评估的方案纳入进来。

（3）随着气候的不断变化，农业生产系统可能会受到新的入侵害虫的影响。协调制定害虫风险评估的标准程序不仅能够促进检疫工作，而且有助于及时应对虫害入侵。

（4）可通过投放传统的生防菌应对害虫的入侵。可以考虑修订有关国际植物检疫标准，补充对新入侵威胁的应急反应措施。

（5）鉴于岛屿国家特别容易受到虫害侵袭，而且气候变化可能会加剧这一威胁，可制定具体的政策来解决这些国家对生防菌的需求。

（6）在实施《名古屋准入和利益共享协议》时，各国应考虑到无脊椎动物基因资源在农业可持续发展及在实现世界粮食安全方面所发挥的至关重要的作用。

（7）各国应确保将粮食和农业无脊椎动物遗传资源的管理纳入本国生物多样性方案中。

参考文献

Barros, E., Grimaldi, M., Sarrazin, M., Chauvel, M., Mitja, D., Desjardins, T. & Lavelle, P. 2004.Soil physical degradation and changes in macrofaunal communities in Central Amazon.*Applied Soil Ecology,* 26:157–168.

Briones, M.J.I., Ostle, N.J., McNamara, N.P.& Poskitt, J. 2009.Functional shifts of grassland soil communities in response to soil warming.S*oil Biology & Biochemistry,* 41:315–322.

Cock, M.J.W., Biesmeijer, J.C., Cannon, R.J.C., Gerard, P.J., Gillespie, D., Jiménez, J.J., Lavelle, P.M. & Raina, S.K.2011.*Climate change and invertebrate genetic resources for food and agriculture: state of knowledge, risks and opportunities.*Commission on Genetic Resources for Food and Agriculture. Background Study Paper No. 54.

Hoehn, P., Tscharntke, T., Tylianakis, J.M.& Steffan-Dewenter, I. 2008 Functional group diversity of bee pollinators increases crop yield.*Proceedings of the Royal Society B:Biological Sciences*, 275:2283–2291.

Johnson, S.N., Staley, J.T., McLeod, F.A.L.& Hartley, S.E.2011.Plant-mediated effects of soil invertebrates and summer drought on above-ground multitrophic interactions.*Journal of Ecology,* 99:57–65.

Jones, T.H., Thompson, L.J., Lawton, J.H., Bezemer, T.M., Bardgett, R.D., Blackburn, T.M., Bruce, K.D., Cannon, P.F., Hall, G.S., Hartley, S.E., Howson, G., Jones, C.G., Kampichler, C., Kandeler, E. & Ritchie, D.A.1998.Impacts of rising atmospheric carbon dioxide on model terrestrial ecosystems.*Science*, 280:441–443.

Klein, A.M., Vaissiere, B. E., Cane, J.H., Steffan-Dewenter, I., Cunningham, S.A., Kremen, C. & Tscharntke, T. 2007.Importance of pollinators in changing landscapes for world crops.*Proc.R. Soc.Lond.[Biol.]*, 274:303-313.

Morandin, L.A.& Winston, M.L.2006 Pollinators provide economic incentive to preserve natural land in agroecosystems.*Agriculture, Ecosystems & Environment*, 116:289–292.

Ricketts, T.H., Regetz, J., Steffan-Dewenter, I., Cunningham, S.A., Kremen, C., Bogdanski, A., Gemmill-Herren, B., Greenleaf, S.S., Klein, A.M., Mayfield, M.M., Morandin, L.A., Ochieng', A., Potts, S.G.& Viana, B.F.2008.

Landscape effects on crop pollination services:Are there general patterns?*Ecology Letters*, 11:499–515.

Steffan-Dewenter, I. & Tscharntke, T. 1999.Effects of habitat isolation on pollinator communities and seed set.*Oecologia*, 121:432–440.

Thomson, L.J., Macfadyen, S. & Hoffmann, A.A.2010.Predicting the effects of climate change on natural enemies of agricultural pests.*Biological Control*, 52:296–306.

粮食和农业微生物遗传资源与气候变化

Fen Beed[1], Anna Benedetti[2], Gianluigi Cardinali[3], Sukumar Chakraborty[4], Thomas Dubois[5], Karen Garrett[6], Michael Halewood[7]

    1 坦桑尼亚国际热带农业学院

    2 意大利农业研究委员会

    3 意大利佩鲁贾大学

    4 澳大利亚联邦科学与工业研究组织

    5 乌干达国际热带农业学院

    6 美国堪萨斯州立大学

    7 意大利国际生物多样性中心

    微生物遗传资源具有无可比拟的多样性。世界上有500万～3 000万微生物物种，其中已被正式定义的仅有200万左右。微生物为提高农业和粮食生产效率提供了各种可能性，且潜力巨大。遗憾的是，微生物并没有得到充分利用，而是仅被看作农作物和牲畜的病原体。

    微生物在农业和食品生产中发挥着多种作用，在本节中，我们将微生物依据功能划分为五个类别：土壤习居菌、植物与根际[1]细菌、植物病原体、生防细菌、食品生产微生物。实际上，这些不同类别的微生物彼此高度关联，其中部分微生物类群可以发挥所有微生物类群的作用。

    微生物对形成和维护土壤生态系统至关重要。土壤的形成过程始于微生物对土壤母体（如岩石等）的定殖，它们在为其他微生物创造栖息地的同时，

---

    ① 根际指的是受植物根系直接影响的土壤，是活性土壤与贫瘠土壤成分之间复杂的相互作用所形成的圈带。

    注：本节内容由Dafydd Pilling改编自Beed等（2011）。

也有助于土壤的长期涵养和发育。土壤微生物在全球范围内的碳循环过程中发挥着关键作用，不仅能够促进土壤有机质中的碳封存，而且有助于通过分解释放二氧化碳。

土壤微生物常被称为生态系统的"化学工程师"，具有显著的新陈代谢多样性，功能多，用途广，并能利用所有天然产生的化合物和大多数人造化合物作为其生长的基质。它们可以产生化学成分复杂的化合物，例如腐殖质，这种物质对维持土壤结构很重要。

植物内部和根际的微生物对农业具有同样重要的意义。根际微生物的主要贡献在于从土壤物质和大气中提取养分，产生促进植物生长的物质，同时形成和维持土壤结构。根瘤菌在豆科植物根瘤内共生，能固定大气中的氮气给植物提供营养使用（Brewin，2004）。

> 根际微生物的主要贡献在于从土壤物质和大气中提取养分，产生促进植物生长的物质，同时形成和维持土壤结构。

菌根真菌与植物根系共生，通过促进植物获得矿物质和土壤养分的有机形式（如磷）获得可溶性碳（Sylvia，2005）。根际微生物群落也可以改变土壤环境，通过恶化病原体的生存条件改善作物的健康状况。植物体内的微生物会为寄主提供多种服务，例如，内生真菌产生的物质能够保护其寄主植物（如不同种类的黄叶草）免受昆虫攻击、干旱、严寒和火灾等危害（West等，1988）。

尽管一般情况下人们并未把植物病原体看作有用的遗传资源，但仍有必要在可控的条件下维持其生物多样性。例如，某些病原体对作物的生长至关重要。

在不产生严重损害的情况下，弱致病菌株可启动宿主的防御机制，提高宿主植物的抵抗力，以防范同菌种毒性较强的菌株发起的后续侵袭。

除了在土壤中抑制病原体的自然作用外，微生物还被人为地用来控制害虫、杂草和病原体。为实现这一目的可以采取三种主要策略：传统生物控制法，即将天敌引入到一个新的区域来控制入侵害虫；增效型生物控制法，即在特定作物上投放规模性养殖的天敌；保护性生物防治法，即通过对环境的控制使其更有利于天敌。

微生物也会以多种方式在采后食品加工中发挥作用。利用微生物进行生物控制可以防止食材免受采后损失，这样就无需使用农药，也使食材免受有害残留物的污染。在将农产品转化为面包、奶酪和啤酒等食品的过程中也常用

> 微生物也会以多种方式在采后食品加工中发挥作用。

到细菌、酵母和其他真菌等微生物。微生物本身，特别是真菌的子实体（蘑菇等），是人们广泛使用的食材。

除了其显著的遗传多样性及对农业与粮食生产的贡献多样性之外，微生物遗传资源还具有一些区别于其他遗传资源的特征。

首先，微生物非常小，小到肉眼不可见，因此常常被人们忽略。其次，微生物最显著的特征是其无与伦比的繁殖速度，这得益于其短暂的代际间隔，这种代际间隔最短的大约仅有20分钟。微生物的另一个显著特点是，它们能够在地球上几乎所有的生态位上进行定殖，包括那些对所有其他生物来说都过于极端的生存环境。例如，在温度超过100℃、大气压力超过海平面400倍的深海火山口照样有微生物生存。

微生物能够迅速适应自身环境的变化。这种适应能力与其遗传和繁殖机制有关，从而产生巨大的变异性。微生物不仅具有极高的繁殖率，也能从水平基因转移中受益。DNA能够从一个微生物细胞转移到另一个微生物细胞，也能从周围环境转移到微生物细胞，或者通过病毒从一个细胞转移到另一个细胞。这意味着微生物不必等到下一代即可改变其遗传特征。

气候变化对微生物遗传资源及其管理的影响

气候对土壤微生物的影响在很大程度上是通过对植物的影响来调节的。植被提供了土壤微生物群落所需的大部分能量，是其提供生态系统服务的驱

©Masakazu Kashio

©FAO/Giuseppe Bizzarri

动因素。气温变化、降雨模式和二氧化碳水平的变化可能会影响作物和其他植物的产量和质量。这将影响土壤生物群落利用植物凋落物的能力，进而影响土壤有机质的周转率以及养分的释放与植物吸收的速率。目前尚不清楚气候和二氧化碳水平的变化对有机物质的周转或植物生长有何影响。然而，影响土壤养分滞留和流失的主要微生物过程是有温度、湿度要求的。

除了影响营养物质的吸收外，大气二氧化碳浓度的升高还会通过改变控制土壤聚集的过程来影响土壤的结构，例如通过影响黏结剂的浓度（微生物的分泌物）将土壤颗粒聚集在一起。

在集约化农业系统中，由于作物的品种有限，土壤往往缺乏适应性，更容易受到气候变化的影响。相对而言，自然生态系统中的土壤则具有微生物群落的多样性，能更快适应气候的变化。

在集约型农业系统中，由于种植的作物品种有限，土壤往往缺乏适应性，更容易受到气候变化的影响。相对而言，自然生态系统中的土壤则具有微生物群落的多样性，能更快适应气候的变化（Mocali 等，2008）。

气候变化对寄宿在植物内部和根际的有益微生物的影响是难以预测的

(Pritchard，2011)。植物与根瘤菌和菌根真菌的相互作用可因生理过程中的微小变化而改变，这种变化会影响植物根部碳水化合物资源的分配。植物和微生物在建立根瘤菌内共生[①]时所采用的信号机制也会对气候变化产生敏感反应。

土壤微生物能够增强土壤的肥力，促进植物的健康，但气候变化如何影响这一过程，人们还知之甚少。在植物叶面（叶围）上发现的微生物群落也是如此。叶围微生物可以通过产生影响植物生长的植物激素，抑制植物病原体等作用直接影响植物的健康。植物叶围微生物群落很容易受到气候变化的影响，例如，叶子表面的湿度对叶表面微生物有显著影响，但叶面湿度通常很难根据日常的天气状况来预测。

另一个不确定因素是气候变化对病原体活动的影响。寄主植物或动物、天敌、天气条件和农业行为之间的相互作用错综复杂，会对病原微生物产生影响。气候变化可能会影响作物物种和品种的分布，随着这些变化的发生，一些病原体会随着寄主迁移到新的地方。迁移到新地点的微生物则开始影响当地的农作物生长。农作物的产量也会受其他因素的影响，如气候变化是否会改变作物的

气候变化可能会影响作物物种的分布，随着这些变化的发生，一些病原体会随着宿主迁移到新的地方。

抗病性，是否会对植物的生长产生影响，这些影响均关系到适宜病原体生长的小气候的变化。与毒性较弱的病原体相比，有毒病原体可能会变得更有竞争力，反之亦然。人类活动也很可能发挥作用。例如，病原体活动的增加可能导致人们更频繁地使用诸如杀菌剂之类的措施。这也会增加病原体的选择性压力，从而对防治措施产生耐药性，长期来看可能会对作物的产量造成影响。

传播致病微生物的载体也可能受到气候变化的影响。例如，温度会影响昆虫的行为、分布、发育、生存和繁殖，从而影响昆虫作为疾病载体的能力。据估计，气温上升2℃，许多昆虫每个季度就能多繁殖1~5个生命周期（Yamamura Kiritani,1998）。然而，这些昆虫与其天敌处于可能遭受气候变化影响的复杂生态关系之中，因此预测传播载体活动是否会增加是十分困难的。

极端天气事件频率的增加是影响流行病学的另一个因素。例如，涝渍灾害会导致根系疾病。天气的变化模式可能影响借助风传播的病原体的分布。疾病流行病学受到天气模式的影响这一事实早已被人们所认识（插文3），很久以前就有这类案例的记载。然而，气候变化的确切影响很难预测，而且可能会引发重大突发疾病的暴发。

生防微生物的生长速度对温度有着很高的依赖度。另外，微生物具有生

[①] 内共生是一种共生关系，其中一种生物体生活在另一种生物体内。

命周期短、流动性高和繁殖潜力强等特点，这意味着即使微小的气候变化也可能即刻对微生物的分布和数量产生影响（Ayres 和 Lombardero，2000）。

●插文3　气温对病原体活动的影响——案例分析

真菌病原体是小麦全蚀病的病原，1932年开展的一项研究表明，当在灭菌土壤种植小麦并接种真菌病原体时，疾病的严重程度随着温度从13℃上升到27℃而加剧。然而，在自然的有菌土壤中，当温度超过18℃，疾病的严重程度随之下降。这是因为，温度升高会促使其他微生物对全蚀病真菌产生拮抗作用。这个例子表明研究植物病原体时不仅要考虑它们的宿主作物，而且还要考虑其生存的自然环境，因为环境中的其他生物可能会增加或减少病原体的丰度。

来源：Henry，1932。

由于虫害也受温度的影响，微生物的分布和密度也可能受到气候变化的影响。然而，由于虫害和生防菌之间的相互作用受温度和其他气候相关因素的影响难以察觉，因此很难预测害虫影响的程度或生防菌究竟发挥了多大作用。

根据一些气候变化模型，随着臭氧层的损耗，紫外线B的辐射水平将会升高。这将对用于生物控制的微生物产生重大影响。与杂草和昆虫相比，真菌和细菌通常更容易受到紫外线B的伤害。例如，目前用于害虫增效生物防治的真菌在暴露于紫外线B下时存活率很低。即使微生物群落生活在地下深处，来自紫外线B的辐射也会通过影响植物根系分泌物的质量和数量对其产生不良作用。

目前，人们对生活在农产品表面的微生物群落的组成和动态仍知之甚少。气候变化可能对能适应新温度和湿度条件的物种或菌株有利。显然这将影响微生物群落的组成以及它们之间的协同和竞争关系，但这些变化的程度和方向却是无法预测的。

人们对生活在农产品表面的微生物群落的组成和动态知之甚少。

温度升高可能会影响水果和蔬菜的成熟，从而导致这些作物表面自生的微生物生命周期发生变化。这些微生物也会受到由气候变化导致的农作物代谢变化的影响（例如pH或糖含量的变化）。许多表面微生物对水果和蔬菜的保鲜具有潜在作用，可使其免受有害微生物的侵袭。有些表面微生物已经被用作采收后的生物防治剂，例如，水果可以浸泡在酵母的悬浮液中以减少有害微生物

的影响（Zhao等，2010）。

全球平均气温每几十年会升高几摄氏度，但从局部来看，气温升高的幅度可能要大得多。有益微生物种群中的热诱导应激可能会增加突变率，并导致选择不同于现有菌株的微生物（Foster，2007）。如果食品致腐微生物与控制它们的微生物之间的动态平衡被打破，则需

作物轮作、绿色肥料、有机肥料和生防菌等在农业实践中的应用增加了土壤微生物的多样性，对农业适应气候变化的影响具有巨大的潜力。

要强效农药处理来防止其变质，这可能会推高生产成本，同时诱发对人类健康的潜在危险。整体湿度的增加会促进植物的霉菌生长，温度升高的情况下尤其如此。频繁的大雨则会导致大量使用杀虫剂，特别是会使用不易被雨水冲掉的内吸式杀虫剂。内吸式杀虫剂的密集使用会对表面微生物（如酵母菌）及其在防腐中的作用产生显著影响。

微生物遗传资源在应对气候变化中的作用

那些促进土壤微生物多样性的农作方式，如作物轮作，使用绿色肥料、有机粪肥、生防菌等，在使农业适应气候变化的影响方面具有巨大的潜力。另外，也可以有意识地把微生物引进农业系统中作为生物肥料使用。例如，可以引入根瘤菌或活性菌（固氮螺菌）以促进固氮，可利用菌根真菌促进植物的养分吸收，同时可用土壤微生物对植物病原体进行管理。目前，许多含有微生物的土壤改良剂作为生物杀虫剂具有了商业用途。然而，只有在明确了解微生物的生态位和作用方式以及它们与驻留土壤菌群的相互作用基础上，才能成功地改变土壤生态系统。

微生物也可以用于改善采后的贮藏和粮食作物的加工。在某些地区，气候变化可能会增加湿度，从而加剧粮食变质问题，这已导致了巨大的采后损失和严重的食品安全威胁。有些国家在潮湿的年份里会有一半粮食受霉菌毒素污染（Leslie等，2008）。气候变化将导致干旱和洪水等灾难性事件变得更加频繁，在灾难发生之后，提供应急物资时采用微生物来防止粮食变质的做法十分奏效。

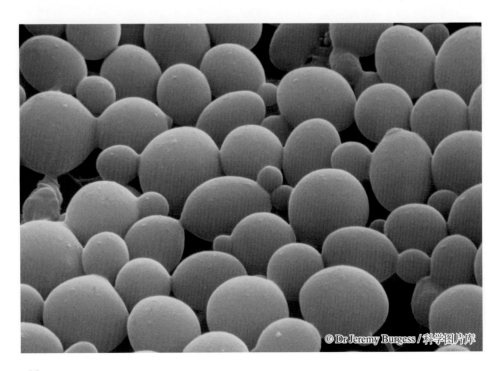

© Dr Jeremy Burgess / 科学图片库

　　微生物对农业的另一个潜在重要贡献在于其在生物修复中发挥的作用。气候变化和日益增长的全球人口将进一步增加对农业用地的需求，但有些土地由于受到各种污染源的污染目前无法利用。由于微生物能够分解多种有机物质，它们在去除污染物及恢复土壤的安全种植状态中具有巨大的潜力。

　　在土壤有机质的分解过程中，微生物对土壤有机质的碳封存和二氧化碳的释放起着十分重要的作用。从世界范围看，土壤中储存着大量碳，因而微生物对减缓气候变化具有重大意义。可通过诸如用有机肥改良土壤、适当管理作物残茬、免耕农

> 鉴于世界上的土壤中储存着大量碳，微生物对减缓气候变化的努力意义重大。

业、秸秆覆盖还田、避免漫灌和严格管理肥料的使用等方式来促进微生物对碳封存发挥作用。

　　许多有益微生物的另一个积极特征是，它们在发挥作用的同时较少产生温室气体效应。例如，自然形成的生物防治微生物不会在合成农药的生产、运输和应用过程中产生碳排放成本。同样，有益于植物营养的微生物（如菌根真

©FAO/Giuseppe Bizzarri

菌和根瘤菌）能够提高作物的产量，但不会造成矿物肥料生产、运输和施用过程中的温室气体排放。另外，利用微生物来延长保质期有助于减少冷冻或冷藏食品所需要消耗的能量（Di Cagno等，2009）。

结论与建议

我们应进一步了解微生物在农业和粮食生产中的作用，以及这些作用将如何受到气候变化的影响。不过，目前尚无法预测气候变化将如何影响农作物、微生物和农业生态系统其他组成部分之间未来的相互作用。

微生物的"隐形"性质意味着即使已经发生了变化，人们也很难观察到，因此，我们需要一些能够识别微生物遗传资源变化趋势的系统监测手段。技术发达国家已经采取了一些监测土壤微生物和病原体的措施，发展中国家也需要建立类似的监测方案。另外，需要改进微生物物种、群落和功能的特征描述技术，并进一步研究气候对微生物及其作用的影响，这就需要将田间实地工作与实验室工作结合起来。同时，为了对不同来源的数据进行比较，需要统一技术标准。

需要加强研究，改善生防微生物的实际应用。生防微生物使用中存在的一个主要问题就是性能不稳定。微生物防治植物病害的能力可能因环境条件的变化而变化，而且可能对投放给作物的时机较为敏感。

> 需要改进微生物物种、群落和功能的特征描述技术，并进一步研究气候对微生物及其功能的影响。

利用好微生物遗传资源还应重视科学家和决策者之间的相互联系和协调。在农业领域采用微生物防治策略离不开相关遗传资源及其知识体系的帮助。这就需要通过国家、区域和国际范围的协调来促进技术能力和专业知识发挥相应的作用。

国际社会为改善微生物遗传资源管理做出了很多努力，但还有待进一步加强菌种保藏工作。例如，许多菌种保藏机构不对外发布它们的菌种目录，而且菌种保藏资料获取的政策和方式也不尽相同。显然，有必要在国际层面上加强协调与共融，以支持各国通过整合资源、信息和技术为所有潜在用户提供访问便利和帮助。另外，必须采取紧急措施加快发展中国家（尤其是热带和亚热带地区）的菌种保藏工作。为了促进微生物遗传资源的国际交流与应用合作，菌种保藏资料的获取和惠益分享问题需要加以解决。

参考文献

Ayres, M.P. & Lombardero, M.J.2000.Assessing the consequences of global change for forest disturbance from herbivores and pathogens.*The Science of the Total Environment*, 262:263-286.

Beed, F., Benedetti, A., Cardinali, G., Chakraborty, S., Dubois, T., Garrett, K. & Halewood, M. 2011.*Climate change and micro-organism genetic resources for food and agriculture: state of knowledge, risks and opportunities*.Commission on Genetic Resources for Food and Agriculture.Background Study Paper No.57.

Brewin, N.J.2004.Plant cell wall remodelling in the Rhizobium-legume symbiosis. *Critical Review of Plant Science*, 23:1-24.

Di Cagno, R., Surico, R.F., Minervini, G., De Angelis, M., Rizzello, C.G.& Gobbetti, M. 2009.Use of autochthonous starters to ferment red and yellow peppers (*Capsicum annum* L.) to be stored at room temperature.*International Journal of Food Microbiology*, 130:108-116.

Foster, P.L.2007.Stress-induced mutagenesis in bacteria.*Critical Reviews in Biochemistry and Molecular Biology*, 42:373-397.

Henry, A.W.1932.Influence of soil temperature and soil sterilization on the reaction of wheat seedlings to *Ophiobolus graminis* Sacc.*Canadian Journal of Research*, 7:198-203.

Leslie, J.F., Bandyopadhyay, R. & Visconti.A. (eds.).2008.*Mycotoxins: detection methods, management, public health and agricultural trade*. Wallingford, UK, CABI International.

Mocali, S., Paffetti, D., Emiliani, G., Benedetti, A. & Fani, R. 2008. Diversity of heterotrophic aerobic cultivable microbial communities of soils treated with fumigants and dynamics of metabolic, microbial and mineralization quotients. *Biology and Fertility of Soils*, 44:557-569.

Pritchard, S.G.2011.Soil organisms and global climate change.*Plant Pathology,* 60:82-99.

Sylvia, D. 2005.Mycorrhizal symbioses.In D.M.Sylvia, J.J.Fuhrmann, P.G.Hartel & D.A.Zuberer, eds.*Principles and applications of soil microbiology*. Second edition, pp. 263-282.Upper Saddle River, NJ, USA, Pearson Prentice Hall.

West, C.P., Izekor, E., Oosterhuis, M. & Robbins, R.T.1988.The effect of

Acremonium coenophialum on the growth and nematode infestation of tall fescue. *Plant and Soil*, 112:3-6.

Yamamura, K. & Kiritani K. 1998.A simple method to estimate the potential increase in the number of generations under global warming in temperate zones. *Applied Entomology and Zoology,* 33:289-98.

Zhao, Y., Tu, K., Tu, S., Liu, M., Su, J. & Hou, Y.P.2010.A combination of heat treatment and *Pichia guilliermondii* prevents cherry tomato spoilage by fungi. *International Journal of Food Microbiology,* 137:106-110.

主要结论与机遇

Linda Collette[1], Damiano Luchetti[1], Dafydd Pilling[2], Anna Asfaw[1],
Agnès Fonteneau[1]

1 FAO 粮食与农业遗传资源委员会秘书处

2 FAO 动物生产及卫生司

气候变化正在影响生态系统和粮食生产系统，适应和减缓气候变化有助于减少气候变化的负面影响（IPCC，2014）。本书概述了气候变化对遗传资源的预期影响，以及这些资源在应对气候变化中发挥的作用。每一处农场、畜牧场、森林或水产养殖场的管理固然需要适应变化的条件，但是，如果农业要适应气候变化，并在未来几十年内实现粮食安全和营养目标，则整个粮食生产系统及其所依赖的更广泛的生态系统必须变得更具灵活性和多功能性，并能提供多种服务（Galluzzi等，2011）。应对气候变化需要关注整个生态系统，并在国家和国际层面形成协调一致的政策响应。

识别、保护并学习如何将遗传资源应用于粮食和农业

未来，若想将粮食和农业遗传资源用于适应和减缓气候变化，首先要确保有可供的相关资源。许多遗传资源面临灭绝威胁，因此需要采取有效的保护措施。一些资源可以在非原生境保护，但在其他情况下，只能在农业生产系统或在自然、半自然生境中进行就地（农场）保护。条件允许时，一般建议采用原生境和非原生境互补的综合方法。原生境保护明确要求目标遗传资源所依赖的生态系统保持健康状态。驯化遗传资源方面，还应该使农民、畜牧和水产养殖者、养林户等目标资源养护者，得以从经济或其他方面获益，改善生计。

在追求作物和畜牧产量的过程中，传统的作物和牲畜品种往往被忽视。然而，由于这些品种通常生活在恶劣的环境中，因此具有在艰苦多变的条件

©FAO/Giulio Napolitano

©FAO/Linn Borgen Nilsen

下蓬勃生长的品质。气候变化要求人们选择能够较好适应其生长环境的作物和牲畜，并保护物种多样性，使生产系统适应未来的各种变化（Jarvis等，2010；Pilling 和 Hoffmann，2011）。因选用高产但环境适应性较差的物种，一些作物和牲畜品种未得到充分利用，甚至被遗弃。在规划生产干预措施时应始终考虑到这类物种的潜在优势。应当注意，在恶劣多变的环境下培育适应性较差的作物和牲畜品种存在潜在风险，当农民或养殖者难以获取或负担相应的生产成本时，问题尤为严重。作物和牲畜育种计划应多加关注抗逆性特征，而不是只追求产量的最大化。

需要对无脊椎动物和微生物在农业和粮食生产中的作用给予更多关注（Cock等，2011；Beed等，2011）。需要从分类学和特征描述的角度进行研究，观察这些生物所提供的服务及其如何受到气候变化的影响。还需加强对实际应用的研究，例如使用生防菌治理害虫。由于微生物和小型无脊椎动物不易用肉眼观察，应当加强对此类生物分布和数量的系统性监测，以便及时发现气候变化带来的有关问题。对于授粉物种，除了蜜蜂，可能还需养殖和管理其他昆虫，使其在受气候变化影响的农业生态系统中提供授粉服务，这对依赖专化授粉者的作物来说意义尤为重大。对于用作生防菌的无脊椎动物，则需考虑培育具有理想特性的物种，例如更高的耐热性、更强的繁殖力和更广泛的宿主范围。

在水产养殖业方面，应充分探索驯养更多能够适应气候变化的水生养殖动植物的巨大潜力，也应进一步研究开发适应气候变化的水产品种的繁育策略（Pullin 和 White，2011）。需要进一步研究水生生态系统作为碳汇和在含氮废物处理方面的贡献，同时研究水生遗传资源对提供这些服务所发挥的作用。

在林业方面，需深入了解树种的适应性特征、生命周期、生态关联，以及其在适应和减缓气候变化方面的潜力。还需关注树种内部的遗传变异。育种计划需要进一步重视使树木能够在未来受气候变化影响的环境中蓬勃发展的特质（Loo 等，2011）。

©Chris Stowers/Panos Pictures

©FAO/A. Odoul

在种植业、畜牧业和林业方面，粮食和农业遗传资源委员会发布的《全球行动计划》意味着向更好地适应气候变化迈出了重要步伐，其中一些行动旨在加强对遗传资源的原生境和非原生境保护，完善资源的相关知识，促进资源的可持续利用。同时，这些行动有利于促进新战略的实施，如对资源进行利用和开发，建立能够应对气候变化等挑战的体制和人力资源。

《世界粮食和农业多样性状况》报告将为评估粮食和农业遗传资源及其在气候变化背景下存在的潜力提供另一个机遇。报告将重点关注不同种类遗传资源之间的相互作用以及一些跨行业的问题。报告基于生态系统的整体视角，把粮食和农业生物多样性作为整体对粮食安全、生计、环境卫生以及生产系统的可持续性、复原力和适应性的贡献进行研究。

据预测，气候变化会令大多数甚至所有的粮食和农业部门增加遗传资源的国际交换，用于生产和研究。因此，政策框架需要促进对遗传资源的获取，同时确保动植物检疫安全以及公平和公正地分享惠益。这要求建立适当的配套程序以化解生态风险，例如引入物种可能具有侵入性。

推行以适应性为本的综合管理方法保护生态系统粮食和农业遗传资源

促进生产体系适应气候变化的影响需要采取综合性措施，不仅需要粮食和农业各部门之间开展合作，也要与包括环境管理及社会和经济发展在内的其他利益相关方进行协作。作为一项土地、水资源和生活资源的综合管理战略，生态系统方法促进资源保护和可持续利用的平衡发展，其作用举足轻重。生态系统对农业和粮食生产实践发挥多种作用，涉及碳汇、水资源管理、野生生物多样性保护、旅游或文化活动等诸多方面。粮食和农业方面的一些遗传资源可能会同时发挥这些作用，其提供多功能服务的潜在价值应在资源管理的规划和决策方面得到重视和认可。

气候对粮食和农业遗传资源所提供的服务的影响往往涉及生态系统各组成部分之间微妙而复杂的相互作用。例如，农作物的授粉不仅需要适当的传粉者的存在，而且还需要传粉者的生命周期与植物开花期之间的同步，任何一个方面都可能因气候变化而受到不同程度的影响。传粉者可能会因气候对其生境（例如，筑巢地）的干扰而受到影响，也可能因气候影响到相关疾病或寄生虫的分布而受到威胁。因此，要保护和促进遗传资源所发挥的作用，相应的管理措施不仅需要关注单一的物种、品种或种类，而且还要关注其周围的生态系统。例如，维护好农田附近的生境保护区，以此作为无脊椎动物发挥生物防治作用的"庇护所"。

另外，需要特别注意在生态系统中保护所谓的关键物种。一些不起眼的且看似"无关紧要"的生物可能会发挥非常重要的作用，如在土壤中发挥"工程"作用的无脊椎动物，或者害虫的自然生防菌。这些物种的消失对生态系统的其他部分造成了巨大的影响。对这类生态关系的详细了解有助于我们在生产系统及农业、畜牧业、渔业和林业生计方面提高适应能力。

促进生产体系适应气候变化的影响需要采取综合性措施，不仅需要粮食和农业各部门之间开展合作，也要与包括环境管理及社会和经济发展在内的其他利益相关方进行协作。

在气候变化的环境中，农业生态系统的适应性是至关重要的。

©FAO

　　作为适应或缓解气候变化和保护遗传资源的手段，可以考虑将驯化或野生物种引入新的地区。在这种情况下，应当注意对目的地生态系统的潜在影响，并考虑到引进物种潜在的入侵性、病原体的侵入风险，以及当地居民管理驯化物种的能力。

　　生态系统方法的应用可提高生态系统的恢复力，即在面临变化和冲击的情况下继续运行和生产的能力。随着气候变化负面影响的增加，生态系统的恢复力和适应性将变得更加重要。各类遗传资源在生态系统的恢复方面发挥着关键作用。例如，不同传粉者或生防菌的共存有助于

应尽力避免农业或其他领域的行为对生物多样性的破坏，或对农业、森林和水生生态系统的适应性造成的危害。

促进服务供应的稳定性，这是因为，某些物种能够应对其他物种无法耐受的冲击或变化。同理，物种内的遗传多样性也非常重要，这也是通过自然选择或人工干预适应变化条件的基础。一系列动植物物种及其利用能够提供大量不同的经济产出（Asfaw 和 Lipper，2011），有助于农户、牲畜养殖户、林业工作者和渔民的生计在面临气候和其他自然变化时更具适应性。

　　应尽力避免农业或其他领域的行为对生物多样性的破坏，或对农业、森

林和水生生态系统的适应性造成的危害。例如，一些短期解决方案（如使用广谱杀虫剂）对生防菌或传粉者会造成不利影响，可能会对生态系统的恢复力产生长期影响。就一些野生物种来说，如林木、作物野生亲缘物种和野生昆虫传粉者等，有必要保护或开发适宜的生境廊道以促进物种的迁徙，防止物种因无路可逃而灭绝。对于缺乏独立迁徙能力且速度较慢的物种来说，可能需要考虑实施辅助迁徙。

作为一种自适应的方法，生态系统方法的认识基础是：变化是不可避免的，需要在监测趋势的基础上适应其变化。气候变化的长期后果难以预测，它可能导致剧烈的变化和不可预测性，比如极端天气事

> 作为一种自适应的方法，生态系统方法的认识基础是：变化是不可避免的，需要在监测趋势的基础上适应其变化。

件频发等。气候变化可能会引发新的、意想不到的生态关系，给农民、林业工作者、畜牧养殖户、渔民、水产养殖户以及生态系统的其他管理者和用户带来新的挑战。可能会出现一些意外威胁影响到遗传资源的生存或生态系统的稳定性。因此，在面对气候变化时，采取适应性方法对这些系统进行管理是至关重要的。在出现虫害暴发和外来物种入侵等突发危机时，迅速应对的能力需要建立在遗传资源管理方法的基础之上。人们的知识在不断丰富，对气候变化影响的理解也更为深刻，应对气候变化要求我们随着时间的推移不断学习、不断调整。

©FAO/AFP-Hoang Dinh Nam

参考文献

Asfaw, S. & Lipper, L. 2011.*Economics of PGRFA management for adaptation to climate change: a review of selected literature*. Commission on Genetic Resources for Food and Agriculture. Background Study Paper No. 60.

Beed, F., Benedetti, A., Cardinali, G., Chakraborty, S., Dubois, T., Garrett, K., & Halewood, M. 2011.*Climate change and microorganism gen etic resources for food and agriculture: state of knowledge, risks and opportunities*.Commission on Genetic Resources for Food and Agriculture.Background Study Paper No. 57.

Cock, M.J.W., Biesmeijer, J.C., Cannon, R.J.C., Gerard, P.J., Gillespie, D., Jiménez, J.J., Lavelle, P.M. & Raina, S.K.2011.*Climate change and invertebrate genetic resources for food and agriculture: state of knowledge, risks and opportunities*.Commission on Genetic Resources for Food and Agriculture. Background Study Paper No. 54.

Galluzzi, G., Duijvendijk, C. van., Collette, L., Azzu, N. & Hodgkin, T. (eds.).2011.*Biodiversity for Food and Agriculture:Contributing to food security and sustainability in a changing world*.Outcomes of an Expert Workshop held by FAO and the Platform on Agrobiodiversity Research from 14-16 April 2010 in Rome, Italy.Rome:FAO, PAR.

IPCC.2014.*IPCC Fifth Assessment Report:Climate Change 2014*.Geneva, Switzerland, Intergovernmental Panel on Climate Change (available at http://www.ipcc.ch/report/ar5/index.shtml).

Jarvis, A. Upadhyaya, H., Gowda, C.L.L., Aggarwal, P.K., Fujisaka, S. & Anderson, B. 2010.*Climate change and its effect on conservation and use of plant genetic resources for food and agriculture and associated biodiversity for food security*.ICRISAT/FAO.Thematic Background Study for the Second Report on The State of the World's Plant Genetic Resources for Food and Agriculture.

Loo, J., Fady, B., Dawson, I., Vinceti, B. & Baldinelli, G. 2011.*Climate change and forest genetic resources: state of knowledge, risks and opportunities*. Commission on Genetic Resources for Food and Agriculture.FAO Background Study Paper No.56.

Pilling, D. & Hoffmann, I. 2011.*Climate change and animal genetic resources for food and agriculture: state of knowledge, risks and opportunities*.

Commission on Genetic Resources for Food and Agriculture.Background Study Paper No. 53.

Pullin, R. & White, P. 2011.*Climate change and aquatic genetic resources for food and agriculture: state of knowledge, risks and opportunities.*Commission on Genetic Resources for Food and Agriculture Background Study Paper No. 55.

图书在版编目（CIP）数据

应对气候变化：粮食和农业遗传资源的作用/联合国
粮食及农业组织编著；娄思齐，尹艺伟译 . —北京：
中国农业出版社，2019.12
（FAO中文出版计划项目丛书）
ISBN 978-7-109-26077-1

Ⅰ.①应… Ⅱ.①联…②娄…③尹… Ⅲ.①气候
变化－影响－粮食作物－种质资源②气候变化－影响－
农业－种质资源 Ⅳ.①S16

中国版本图书馆CIP数据核字（2019）第235978号

著作权合同登记号：图字01-2018-4699号

中国农业出版社出版
地址：北京市朝阳区麦子店街18号楼
邮编：100125
责任编辑：郑　君
版式设计：王　晨　责任校对：刘飔雨
印刷：中农印务有限公司
版次：2019年12月第1版
印次：2019年12月北京第1次印刷
发行：新华书店北京发行所
开本：700mm×1000mm　1/16
印张：7.75
字数：196千字
定价：58.00元